교과서 연계 연산 강화 프로젝트
속도와 정확성을 동시에 잡는 연산 훈련서

이젠교육
EZEN EDUCATION

쌤과 맘이 만든

쌩쌩이 연산노트

초등 11단계

6·1

예습책

1일 2쪽
한 달 완성

이젠교육
EZEN EDUCATION

이젠수학연구소 지음

이젠수학연구소는 유아에서 초중고까지 학생들이 수학의 바른길을
찾아갈 수 있도록 수학 학습법을 연구하는 이젠교육의 수학 연구소
입니다. 수학 실력은 하루아침에 완성되지 않으며, 다양한 경험을
통해 발달합니다. 그길에 친구가 되고자 노력합니다.

예습은 적극적인 수업참여와
달라진 학습태도를 갖게해요!

쌤과 맘이 만든

쌍둥이 연산 노트 6-1 예습책 (초등 11단계)

지 은 이	이젠수학연구소	개발책임	최철훈
펴 낸 이	임요병	편 집	㈜성지이디피
펴 낸 곳	㈜이젠미디어	디 자 인	이순주, 최수연
출판등록	제 2020-000073호	제 작	이성기
주 소	서울시 영등포구 양평로 22길 21	마 케 팅	김남미
	코오롱디지털타워 404호	인스타그램	@ezeneducation
전 화	(02)324-1600	블 로 그	http://blog.naver.com/ezeneducation
팩 스	(031)941-9611		

@이젠교육
ISBN 979-11-90880-61-9

쌤과 맘이 만든

쌍둥이
연산노트

초등 11단계 **6·1**

예습책

한눈에 보기

1학년

1학기	
단원	학습 내용
9까지의 수	· 9까지의 수의 순서 알기 · 수를 세어 크기 비교하기
덧셈	· 9까지의 수 모으기 · 합이 9까지인 덧셈하기
뺄셈	· 9까지의 수 가르기 · 한 자리 수의 뺄셈하기
50까지의 수	· 십몇 알고 모으기와 가르기 · 50까지의 수의 순서 알기 · 50까지의 수의 크기 비교

2학기	
단원	학습 내용
100까지의 수	· 100까지의 수의 순서 알기 · 100까지 수의 크기 비교하기
덧셈(1)	· (몇십몇)+(몇십몇) · 합이 한 자리 수인 세 수의 덧셈
뺄셈(1)	· (몇십몇)−(몇십몇) · 계산 결과가 한 자리 수인 세 수의 뺄셈
덧셈(2)	· 세 수의 덧셈 · 받아올림이 있는 (몇)+(몇)
뺄셈(2)	· 세 수의 뺄셈 · 받아내림이 있는 (십몇)−(몇)

2학년

1학기	
단원	학습 내용
세 자리 수	· 세 자리 수의 자릿값 알기 · 수의 크기 비교
덧셈	· 받아올림이 있는 (두 자리 수)+(두 자리 수) · 세 수의 덧셈
뺄셈	· 받아내림이 있는 (두 자리 수)−(두 자리 수) · 세 수의 뺄셈
곱셈	· 몇 배인지 알아보기 · 곱셈식으로 나타내기

2학기	
단원	학습 내용
네 자리 수	· 네 자리 수 알기 · 두 수의 크기 비교
곱셈구구	· 2~9단 곱셈구구 · 1의 단, 0과 어떤 수의 곱
길이 재기	· 길이의 합 · 길이의 차
시각과 시간	· 시각 읽기 · 시각과 분 사이의 관계 · 하루, 1주일, 달력 알기

3학년

1학기	
단원	학습 내용
덧셈	· 받아올림이 있는 (세 자리 수)+(세 자리 수)
뺄셈	· 받아내림이 있는 (세 자리 수)−(세 자리 수)
나눗셈	· 곱셈과 나눗셈의 관계 · 나눗셈의 몫 구하기
곱셈	· 올림이 있는 (몇십몇)×(몇)
길이와 시간의 덧셈과 뺄셈	· 길이의 덧셈과 뺄셈 · 시간의 덧셈과 뺄셈
분수와 소수	· 분모가 같은 분수의 크기 비교 · 소수의 크기 비교

2학기	
단원	학습 내용
곱셈	· 올림이 있는 (세 자리 수)×(한 자리 수) · 올림이 있는 (몇십몇)×(몇십몇)
나눗셈	· 나머지가 있는 (몇십몇)÷(몇) · 나머지가 있는 (세 자리 수)÷(한 자리 수)
분수	· 진분수, 가분수, 대분수 · 대분수를 가분수로 나타내기 · 가분수를 대분수로 나타내기 · 분모가 같은 분수의 크기 비교
들이와 무게	· 들이의 덧셈과 뺄셈 · 무게의 덧셈과 뺄셈

쌍둥이 연산 노트는 수학 교과서의 연산과 관련된 모든 영역의 문제를 학교 수업 차시에 맞게 구성하였습니다.

4학년

1학기	
단원	학습 내용
큰 수	· 다섯 자리 수 · 천만, 천억, 천조 알기 · 수의 크기 비교
각도	· 각도의 합과 차 · 삼각형의 세 각의 크기의 합 · 사각형의 네 각의 크기의 합
곱셈	· (몇백)×(몇십) · (세 자리 수)×(두 자리 수)
나눗셈	· (몇백몇십)÷(몇십) · (세 자리 수)÷(두 자리 수)

2학기	
단원	학습 내용
분수의 덧셈	· 분모가 같은 분수의 덧셈 · 진분수 부분의 합이 1보다 큰 대분수의 덧셈
분수의 뺄셈	· 분모가 같은 분수의 뺄셈 · 받아내림이 있는 대분수의 뺄셈
소수의 덧셈	· (소수 두 자리 수)+(소수 두 자리 수) · 자릿수가 다른 소수의 덧셈
소수의 뺄셈	· (소수 두 자리 수)-(소수 두 자리 수) · 자릿수가 다른 소수의 뺄셈
다각형	· 삼각형, 평행사변형, 마름모, 직사각형의 각도와 길이 구하기

5학년

1학기	
단원	학습 내용
자연수의 혼합 계산	· 덧셈, 뺄셈, 곱셈, 나눗셈이 섞여 있는 식 계산하기
약수와 배수	· 약수와 배수 · 최대공약수와 최소공배수
약분과 통분	· 약분과 통분 · 분수와 소수의 크기 비교
분수의 덧셈과 뺄셈	· 받아올림이 있는 분수의 덧셈 · 받아내림이 있는 분수의 뺄셈
다각형의 둘레와 넓이	· 정다각형의 둘레 · 사각형, 평행사변형, 삼각형, 마름모, 사다리꼴의 넓이

2학기	
단원	학습 내용
어림하기	· 올림, 버림, 반올림
분수의 곱셈	· (분수)×(자연수) · (자연수)×(분수) · (분수)×(분수) · 세 분수의 곱셈
소수의 곱셈	· (소수)×(자연수) · (자연수)×(소수) · (소수)×(소수) · 곱의 소수점의 위치
자료의 표현	· 평균 구하기

6학년

1학기	
단원	학습 내용
분수의 나눗셈	· (자연수)÷(자연수) · (분수)÷(자연수)
소수의 나눗셈	· (소수)÷(자연수) · (자연수)÷(자연수)
비와 비율	· 비와 비율 구하기 · 비율을 백분율, 백분율을 비율로 나타내기
직육면체의 부피와 겉넓이	· 직육면체의 부피와 겉넓이 · 정육면체의 부피와 겉넓이

2학기	
단원	학습 내용
분수의 나눗셈	· (진분수)÷(진분수) · (자연수)÷(분수) · (대분수)÷(대분수)
소수의 나눗셈	· (소수)÷(소수) · (자연수)÷(소수) · 몫을 반올림하여 나타내기
비례식과 비례배분	· 간단한 자연수의 비로 나타내기 · 비례식과 비례배분
원주와 원의 넓이	· 원주, 지름, 반지름 구하기 · 원의 넓이 구하기

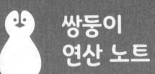

구성과 유의점

단원	학습 내용	지도 시 유의점	표준 시간
분수의 나눗셈	01 (자연수)÷(자연수)의 몫을 분수로 나타내기(1)	· 그림을 통해 1÷(자연수)와 (자연수)÷(자연수)의 몫을 분수로 나타내는 원리를 이해하게 합니다. · 자연수의 나눗셈에서 몫과 나머지를 가지고 (자연수)÷(자연수)의 몫을 분수로 나타내는 원리를 이해하게 합니다.	11분
	02 (자연수)÷(자연수)의 몫을 분수로 나타내기(2)		13분
	03 (자연수)÷(자연수)의 몫을 분수로 나타내기(3)		9분
	04 (분수)÷(자연수)의 계산 방법①(1)	분수의 의미와 나눗셈의 의미를 통해 (분수)÷(자연수)를 계산하는 원리를 이해하게 합니다.	15분
	05 (분수)÷(자연수)의 계산 방법①(2)		15분
	06 (분수)÷(자연수)의 계산 방법②(1)	(분수)÷(자연수)를 두 분수의 곱셈으로 나타낼 수 있음을 이해하게 합니다.	15분
	07 (분수)÷(자연수)의 계산 방법②(2)		15분
	08 (가분수)÷(자연수)(1)	· 분수가 포함된 한 양이 다른 양의 몇 배가 되는지를 구하는 상황이 나눗셈 상황임을 이해하게 합니다. · (가분수)÷(자연수)를 통분하여 계산하는 방법과 분수의 곱셈으로 나타내어 계산하는 방법을 이해하게 합니다.	15분
	09 (가분수)÷(자연수)(2)		15분
	10 (가분수)÷(자연수)(3)		9분
	11 (대분수)÷(자연수)(1)	· 분수가 포함된 한 양이 다른 양의 몇 배가 되는지를 구하는 상황이 나눗셈 상황임을 이해하게 합니다. · (대분수)÷(자연수)를 통분하여 계산하는 방법과 분수의 곱셈으로 나타내어 계산하는 방법을 이해하게 합니다.	15분
	12 (대분수)÷(자연수)(2)		15분
	13 (대분수)÷(자연수)(3)		9분
소수의 나눗셈	01 (소수)÷(자연수)의 계산 방법①(1)	자연수의 나눗셈을 이용하여 (소수)÷(자연수)의 계산 원리를 이해하고 계산할 수 있게 합니다.	15분
	02 (소수)÷(자연수)의 계산 방법①(2)		15분
	03 (소수)÷(자연수)의 계산 방법②(1)	(소수)÷(자연수)를 분수의 나눗셈으로 고쳐서 계산하거나 자연수의 나눗셈의 세로 계산으로 구할 수 있게 합니다.	15분
	04 (소수)÷(자연수)의 계산 방법②(2)		15분
	05 몫이 1보다 작은 (소수)÷(자연수)(1)	· 몫이 1보다 작은 소수인 (소수)÷(자연수)를 분수의 나눗셈으로 변환하여 몫을 구하게 합니다. · 자연수의 나눗셈의 세로 계산에서 몫이 1보다 작은 소수인 (소수)÷(자연수)의 세로 계산을 유추하고 활용하게 합니다.	15분
	06 몫이 1보다 작은 (소수)÷(자연수)(2)		15분
	07 몫이 1보다 작은 (소수)÷(자연수)(3)		15분

◆ 차시별 2쪽 구성으로 차시의 중요도별로 A~C단계로 2~6쪽까지 집중적으로 학습할 수 있습니다.

◆ 차시별 예습 2쪽+복습 2쪽 구성으로 시기별로 2번 반복할 수 있습니다.

단원	학습 내용	지도 시 유의점	표준 시간
소수의 나눗셈	08 소수점 아래 0을 내려 계산하는 (소수)÷(자연수)(1)	·소수점 아래 0을 내려 계산하는 (소수)÷(자연수)를 분수의 나눗셈으로 변환하여 몫을 구하게 합니다. ·자연수의 나눗셈의 세로 계산에서 소수점 아래 0을 내려 계산하는 (소수)÷(자연수)의 세로 계산을 유추하고 활용하게 합니다.	15분
	09 소수점 아래 0을 내려 계산하는 (소수)÷(자연수)(2)		15분
	10 소수점 아래 0을 내려 계산하는 (소수)÷(자연수)(3)		13분
	11 몫의 소수 첫째 자리에 0이 있는 (소수)÷(자연수)(1)	·몫의 소수 첫째 자리에 0이 있는 (소수)÷(자연수)를 분수의 나눗셈으로 변환하여 몫을 구하게 합니다. ·자연수의 나눗셈의 세로 계산에서 몫의 소수 첫째 자리에 0이 있는 (소수)÷(자연수)의 세로 계산을 유추하고 활용하게 합니다.	9분
	12 몫의 소수 첫째 자리에 0이 있는 (소수)÷(자연수)(2)		9분
	13 몫의 소수 첫째 자리에 0이 있는 (소수)÷(자연수)(3)		11분
	14 (자연수)÷(자연수)의 몫을 소수로 나타내기(1)	·몫을 분수로 표현하고 이를 다시 소수로 표현해 보게 합니다. ·기존에 학습한 자연수 나눗셈의 세로 계산을 확장하여 세로 계산을 이용하여 (자연수)÷(자연수)를 몫을 소수 부분까지 표현하는 방법을 이해하고 활용하게 합니다.	15분
	15 (자연수)÷(자연수)의 몫을 소수로 나타내기(2)		15분
	16 (자연수)÷(자연수)의 몫을 소수로 나타내기(3)		13분
비와 비율	01 비 구하기(1)	비의 뜻을 알고, 상황을 비로 나타내게 합니다.	7분
	02 비 구하기(2)		8분
	03 비율 구하기(1)	·비율의 뜻을 알아보게 합니다. ·비율을 분수와 소수로 나타내게 합니다. ·그림을 이용하여 비율을 분수와 소수로 나타내게 합니다.	10분
	04 비율 구하기(2)		10분
	05 비율 구하기(3)		7분
	06 비율을 백분율로 나타내기(1)	·백분율의 뜻을 알아보게 합니다. ·비율을 백분율로 나타내는 방법을 알아보게 합니다.	13분
	07 비율을 백분율로 나타내기(2)		13분
	08 백분율을 비로 나타내기(1)	백분율을 비로 나타내는 방법을 알아보게 합니다.	13분
	09 백분율을 비로 나타내기(2)		13분
직육면체의 부피와 겉넓이	01 직육면체의 부피	직육면체의 부피를 구하는 방법을 식으로 나타내게 합니다.	9분
	02 정육면체의 부피	정육면체의 부피를 구하는 방법을 식으로 나타내게 합니다.	9분
	03 직육면체의 겉넓이	직육면체의 겉넓이를 구하는 방법을 식으로 나타내게 합니다.	9분
	04 정육면체의 겉넓이	정육면체의 겉넓이를 구하는 방법을 식으로 나타내게 합니다.	9분

01 (자연수)÷(자연수)의 몫을 분수로 나타내기

○ 1÷3의 몫을 분수로 나타내기

 $1 \div 3 = \dfrac{1}{3}$

➡ 1을 똑같이 3으로 나누면 $\dfrac{1}{3}$입니다.

> **원리 비법** 나누어지는 수는 **분자**에 나누는 수는 **분모**로 나타내!

💡 그림을 보고 ☐ 안에 알맞은 수를 써넣으세요.

① $1 \div 2 = \dfrac{\square}{\square}$

④ $1 \div 9 = \dfrac{\square}{\square}$

⑦ $1 \div 3 = \dfrac{\square}{\square}$

② $1 \div 10 = \dfrac{\square}{\square}$

⑤ $1 \div 5 = \dfrac{\square}{\square}$

⑧ $1 \div 7 = \dfrac{\square}{\square}$

③ $1 \div 4 = \dfrac{\square}{\square}$

⑥ $1 \div 6 = \dfrac{\square}{\square}$

⑨ $1 \div 8 = \dfrac{\square}{\square}$

공부한 날짜	맞힌 개수	걸린 시간
월 일	/21	분

💡 그림을 보고 ☐ 안에 알맞은 수를 써넣으세요.

$1 \div 5 = \dfrac{\square}{\square}$

$1 \div 4 = \dfrac{\square}{\square}$

$1 \div 3 = \dfrac{\square}{\square}$

$1 \div 8 = \dfrac{\square}{\square}$

$1 \div 2 = \dfrac{\square}{\square}$

$1 \div 9 = \dfrac{\square}{\square}$

$1 \div 7 = \dfrac{\square}{\square}$

$1 \div 10 = \dfrac{\square}{\square}$

$1 \div 6 = \dfrac{\square}{\square}$

$1 \div 4 = \dfrac{\square}{\square}$

$1 \div 6 = \dfrac{\square}{\square}$

$1 \div 4 = \dfrac{\square}{\square}$

02 (자연수)÷(자연수)의 몫을 분수로 나타내기 B

○ 3÷5의 몫을 분수로 나타내기

$3 \div 5 = \dfrac{3}{5}$

➡ $3 \div 5$는 $\dfrac{1}{5}$이 3개이므로 $\dfrac{3}{5}$입니다.

원리
비법 모든 나눗셈은 **분수로** 나타낼 수 있어!

💡 그림을 보고 ☐ 안에 알맞은 수를 써넣으세요.

1  $2 \div 3 = \dfrac{\square}{\square}$

4 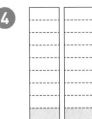 $2 \div 9 = \dfrac{\square}{\square}$

2

$3 \div 7 = \dfrac{\square}{\square}$

5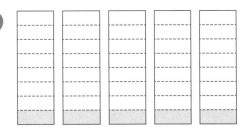

$5 \div 8 = \dfrac{\square}{\square}$

3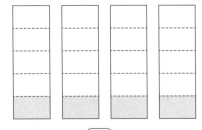

$4 \div 5 = \dfrac{\square}{\square}$

6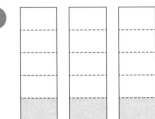

$3 \div 5 = \dfrac{\square}{\square}$

공부한 날짜	맞힌 개수	걸린 시간
월 일	/27	분

💡 나눗셈을 분수로 나타내려고 합니다. ☐ 안에 알맞은 수를 써넣으세요.

7 $8 \div 15 = \dfrac{\square}{\square}$

8 $4 \div 11 = \dfrac{\square}{\square}$

9 $9 \div 14 = \dfrac{\square}{\square}$

10 $5 \div 12 = \dfrac{\square}{\square}$

11 $7 \div 9 = \dfrac{\square}{\square}$

12 $2 \div 17 = \dfrac{\square}{\square}$

13 $7 \div 12 = \dfrac{\square}{\square}$

14 $3 \div 17 = \dfrac{\square}{\square}$

15 $7 \div 15 = \dfrac{\square}{\square}$

16 $3 \div 13 = \dfrac{\square}{\square}$

17 $8 \div 17 = \dfrac{\square}{\square}$

18 $6 \div 13 = \dfrac{\square}{\square}$

19 $5 \div 13 = \dfrac{\square}{\square}$

20 $4 \div 19 = \dfrac{\square}{\square}$

21 $6 \div 19 = \dfrac{\square}{\square}$

22 $2 \div 5 = \dfrac{\square}{\square}$

23 $7 \div 11 = \dfrac{\square}{\square}$

24 $9 \div 11 = \dfrac{\square}{\square}$

25 $3 \div 10 = \dfrac{\square}{\square}$

26 $5 \div 14 = \dfrac{\square}{\square}$

27 $9 \div 17 = \dfrac{\square}{\square}$

03 (자연수)÷(자연수)의 몫을 분수로 나타내기

○ 4÷3의 몫을 분수로 나타내기

$$4 \div 3 = \frac{4}{3} = 1\frac{1}{3}$$

➡ $\frac{1}{3}$이 4개이므로 $\frac{4}{3} = 1\frac{1}{3}$입니다.

> **원리 비법** 나누는 수가 나누어지는 수보다 작으면 결과는 **가분수**야!

그림을 보고 ☐ 안에 알맞은 수를 써넣으세요.

①

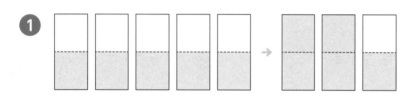

$$5 \div 2 = \frac{\square}{\square} = \square\frac{\square}{\square}$$

②

$$6 \div 5 = \frac{\square}{\square} = \square\frac{\square}{\square}$$

③

$$5 \div 4 = \frac{\square}{\square} = \square\frac{\square}{\square}$$

④

$$7 \div 6 = \frac{\square}{\square} = \square\frac{\square}{\square}$$

↻ 정답 92쪽

공부한 날짜	맞힌 개수	걸린 시간
월 일	/18	분

💡 나눗셈을 분수로 나타내려고 합니다. ⬜ 안에 알맞은 수를 써넣으세요.

5 $11 \div 2 = \dfrac{\boxed{}}{\boxed{}} = \boxed{}\dfrac{\boxed{}}{\boxed{}}$

6 $13 \div 9 = \dfrac{\boxed{}}{\boxed{}} = \boxed{}\dfrac{\boxed{}}{\boxed{}}$

7 $15 \div 4 = \dfrac{\boxed{}}{\boxed{}} = \boxed{}\dfrac{\boxed{}}{\boxed{}}$

8 $13 \div 7 = \dfrac{\boxed{}}{\boxed{}} = \boxed{}\dfrac{\boxed{}}{\boxed{}}$

9 $18 \div 5 = \dfrac{\boxed{}}{\boxed{}} = \boxed{}\dfrac{\boxed{}}{\boxed{}}$

10 $10 \div 7 = \dfrac{\boxed{}}{\boxed{}} = \boxed{}\dfrac{\boxed{}}{\boxed{}}$

11 $7 \div 2 = \dfrac{\boxed{}}{\boxed{}} = \boxed{}\dfrac{\boxed{}}{\boxed{}}$

12 $11 \div 5 = \dfrac{\boxed{}}{\boxed{}} = \boxed{}\dfrac{\boxed{}}{\boxed{}}$

13 $11 \div 6 = \dfrac{\boxed{}}{\boxed{}} = \boxed{}\dfrac{\boxed{}}{\boxed{}}$

14 $18 \div 7 = \dfrac{\boxed{}}{\boxed{}} = \boxed{}\dfrac{\boxed{}}{\boxed{}}$

15 $13 \div 2 = \dfrac{\boxed{}}{\boxed{}} = \boxed{}\dfrac{\boxed{}}{\boxed{}}$

16 $13 \div 6 = \dfrac{\boxed{}}{\boxed{}} = \boxed{}\dfrac{\boxed{}}{\boxed{}}$

17 $14 \div 3 = \dfrac{\boxed{}}{\boxed{}} = \boxed{}\dfrac{\boxed{}}{\boxed{}}$

18 $17 \div 6 = \dfrac{\boxed{}}{\boxed{}} = \boxed{}\dfrac{\boxed{}}{\boxed{}}$

04 (분수)÷(자연수)의 계산 방법① A

○ $\dfrac{6}{7} \div 2$의 계산

$$\dfrac{6}{7} \div 2 = \dfrac{6 \div 2}{7} = \dfrac{3}{7}$$

➡ 분자를 자연수로 나누어 줍니다.

> **원리 비법** 분자가 자연수의 **배수일 때**에는 분자를 자연수로 나누면 돼!

 □ 안에 알맞은 수를 써넣으세요.

1 $\dfrac{4}{9} \div 2 = \dfrac{\boxed{} \div \boxed{}}{9} = \dfrac{\boxed{}}{9}$

6 $\dfrac{16}{19} \div 8 = \dfrac{\boxed{} \div \boxed{}}{19} = \dfrac{\boxed{}}{19}$

2 $\dfrac{12}{25} \div 3 = \dfrac{\boxed{} \div \boxed{}}{25} = \dfrac{\boxed{}}{25}$

7 $\dfrac{8}{11} \div 4 = \dfrac{\boxed{} \div \boxed{}}{11} = \dfrac{\boxed{}}{11}$

3 $\dfrac{10}{19} \div 2 = \dfrac{\boxed{} \div \boxed{}}{19} = \dfrac{\boxed{}}{19}$

8 $\dfrac{4}{15} \div 2 = \dfrac{\boxed{} \div \boxed{}}{15} = \dfrac{\boxed{}}{15}$

4 $\dfrac{8}{15} \div 2 = \dfrac{\boxed{} \div \boxed{}}{15} = \dfrac{\boxed{}}{15}$

9 $\dfrac{14}{17} \div 2 = \dfrac{\boxed{} \div \boxed{}}{17} = \dfrac{\boxed{}}{17}$

5 $\dfrac{12}{13} \div 2 = \dfrac{\boxed{} \div \boxed{}}{13} = \dfrac{\boxed{}}{13}$

10 $\dfrac{12}{25} \div 6 = \dfrac{\boxed{} \div \boxed{}}{25} = \dfrac{\boxed{}}{25}$

◆ 나눗셈을 하세요.

⑪ $\dfrac{9}{17} \div 3$

⑫ $\dfrac{14}{17} \div 7$

⑬ $\dfrac{18}{25} \div 3$

⑭ $\dfrac{16}{19} \div 2$

⑮ $\dfrac{4}{5} \div 2$

⑯ $\dfrac{8}{19} \div 2$

⑰ $\dfrac{12}{17} \div 4$

⑱ $\dfrac{6}{19} \div 3$

⑲ $\dfrac{12}{17} \div 3$

⑳ $\dfrac{6}{17} \div 2$

㉑ $\dfrac{2}{21} \div 2$

㉒ $\dfrac{18}{23} \div 9$

㉓ $\dfrac{16}{19} \div 4$

㉔ $\dfrac{10}{17} \div 5$

㉕ $\dfrac{18}{23} \div 2$

㉖ $\dfrac{4}{13} \div 2$

㉗ $\dfrac{5}{7} \div 5$

㉘ $\dfrac{8}{17} \div 4$

㉙ $\dfrac{10}{13} \div 2$

㉚ $\dfrac{16}{25} \div 8$

㉛ $\dfrac{6}{7} \div 2$

05 (분수)÷(자연수)의 계산 방법① B

○ $\dfrac{4}{5} \div 3$의 계산

$$\dfrac{4}{5} \div 3 = \dfrac{4 \times 3}{5 \times 3} \div 3 = \dfrac{12}{15} \div 3 = \dfrac{12 \div 3}{15} = \dfrac{4}{15}$$

➡ 분자 4는 3의 배수가 아니므로 분모와 분자에 3을 곱하여 분자가 나누는 수의 배수가 되도록 만들어 줍니다.

원리 비법 분자를 나누는 수의 **배수**로 만들어 줘!

💡 ☐ 안에 알맞은 수를 써넣으세요.

1 $\dfrac{6}{7} \div 5 = \dfrac{6 \times \square}{7 \times \square} \div 5$

$= \dfrac{\square}{\square} \div 5 = \dfrac{\square \div 5}{\square} = \dfrac{\square}{\square}$

5 $\dfrac{5}{7} \div 4 = \dfrac{5 \times \square}{7 \times \square} \div 4$

$= \dfrac{\square}{\square} \div 4 = \dfrac{\square \div 4}{\square} = \dfrac{\square}{\square}$

2 $\dfrac{3}{7} \div 2 = \dfrac{3 \times \square}{7 \times \square} \div 2$

$= \dfrac{\square}{\square} \div 2 = \dfrac{\square \div 2}{\square} = \dfrac{\square}{\square}$

6 $\dfrac{7}{9} \div 2 = \dfrac{7 \times \square}{9 \times \square} \div 2$

$= \dfrac{\square}{\square} \div 2 = \dfrac{\square \div 2}{\square} = \dfrac{\square}{\square}$

3 $\dfrac{7}{8} \div 3 = \dfrac{7 \times \square}{8 \times \square} \div 3$

$= \dfrac{\square}{\square} \div 3 = \dfrac{\square \div 3}{\square} = \dfrac{\square}{\square}$

7 $\dfrac{5}{6} \div 2 = \dfrac{5 \times \square}{6 \times \square} \div 2$

$= \dfrac{\square}{\square} \div 2 = \dfrac{\square \div 2}{\square} = \dfrac{\square}{\square}$

4 $\dfrac{4}{9} \div 3 = \dfrac{4 \times \square}{9 \times \square} \div 3$

$= \dfrac{\square}{\square} \div 3 = \dfrac{\square \div 3}{\square} = \dfrac{\square}{\square}$

8 $\dfrac{7}{8} \div 6 = \dfrac{7 \times \square}{8 \times \square} \div 6$

$= \dfrac{\square}{\square} \div 6 = \dfrac{\square \div 6}{\square} = \dfrac{\square}{\square}$

⟳ 정답 93쪽

💡 나눗셈을 하세요.

9 $\dfrac{7}{8} \div 2$

10 $\dfrac{9}{10} \div 7$

11 $\dfrac{7}{10} \div 6$

12 $\dfrac{7}{9} \div 4$

13 $\dfrac{4}{5} \div 3$

14 $\dfrac{4}{7} \div 3$

15 $\dfrac{5}{9} \div 4$

16 $\dfrac{5}{9} \div 2$

17 $\dfrac{3}{4} \div 2$

18 $\dfrac{3}{10} \div 2$

19 $\dfrac{7}{10} \div 2$

20 $\dfrac{5}{6} \div 4$

21 $\dfrac{8}{9} \div 7$

22 $\dfrac{7}{9} \div 5$

23 $\dfrac{7}{8} \div 4$

24 $\dfrac{3}{8} \div 2$

25 $\dfrac{5}{7} \div 3$

26 $\dfrac{8}{9} \div 3$

27 $\dfrac{7}{8} \div 5$

28 $\dfrac{5}{8} \div 2$

29 $\dfrac{9}{10} \div 2$

06 (분수) ÷ (자연수)의 계산 방법②

○ $\dfrac{2}{5} \div 3$의 계산

$$\dfrac{2}{5} \div 3 = \dfrac{2}{5} \times \dfrac{1}{3} = \dfrac{2}{15}$$

➡ 3으로 나누는 것은 $\dfrac{1}{3}$을 곱하는 것과 같습니다.

원리 비법 나누는 자연수를 **분수의 곱셈**으로 고쳐 줘!

◈ □ 안에 알맞은 수를 써넣으세요.

1 $\dfrac{8}{9} \div 3 = \dfrac{8}{9} \times \dfrac{\square}{\square} = \dfrac{\square}{\square}$

6 $\dfrac{5}{6} \div 4 = \dfrac{5}{6} \times \dfrac{\square}{\square} = \dfrac{\square}{\square}$

2 $\dfrac{3}{5} \div 2 = \dfrac{3}{5} \times \dfrac{\square}{\square} = \dfrac{\square}{\square}$

7 $\dfrac{7}{8} \div 4 = \dfrac{7}{8} \times \dfrac{\square}{\square} = \dfrac{\square}{\square}$

3 $\dfrac{7}{9} \div 2 = \dfrac{7}{9} \times \dfrac{\square}{\square} = \dfrac{\square}{\square}$

8 $\dfrac{4}{7} \div 3 = \dfrac{4}{7} \times \dfrac{\square}{\square} = \dfrac{\square}{\square}$

4 $\dfrac{5}{7} \div 2 = \dfrac{5}{7} \times \dfrac{\square}{\square} = \dfrac{\square}{\square}$

9 $\dfrac{7}{8} \div 6 = \dfrac{7}{8} \times \dfrac{\square}{\square} = \dfrac{\square}{\square}$

5 $\dfrac{7}{10} \div 3 = \dfrac{7}{10} \times \dfrac{\square}{\square} = \dfrac{\square}{\square}$

10 $\dfrac{3}{10} \div 2 = \dfrac{3}{10} \times \dfrac{\square}{\square} = \dfrac{\square}{\square}$

공부한 날짜	맞힌 개수	걸린 시간
월 　 일	/31	분

💡 나눗셈을 하세요.

⑪ $\dfrac{4}{9} \div 3$

⑫ $\dfrac{5}{7} \div 4$

⑬ $\dfrac{9}{10} \div 4$

⑭ $\dfrac{5}{8} \div 2$

⑮ $\dfrac{3}{4} \div 2$

⑯ $\dfrac{7}{8} \div 3$

⑰ $\dfrac{5}{9} \div 3$

⑱ $\dfrac{7}{10} \div 6$

⑲ $\dfrac{5}{8} \div 3$

⑳ $\dfrac{7}{9} \div 4$

㉑ $\dfrac{7}{9} \div 5$

㉒ $\dfrac{5}{6} \div 2$

㉓ $\dfrac{8}{9} \div 5$

㉔ $\dfrac{9}{10} \div 2$

㉕ $\dfrac{5}{8} \div 4$

㉖ $\dfrac{9}{10} \div 5$

㉗ $\dfrac{5}{6} \div 3$

㉘ $\dfrac{9}{10} \div 7$

㉙ $\dfrac{3}{8} \div 2$

㉚ $\dfrac{7}{8} \div 2$

㉛ $\dfrac{7}{10} \div 4$

07 (분수) ÷ (자연수)의 계산 방법② B

○ $\dfrac{3}{5} \div 6$의 계산

$$\frac{3}{5} \div 6 = \frac{\overset{1}{\cancel{3}}}{5} \times \frac{1}{\underset{2}{\cancel{6}}} = \frac{1 \times 1}{5 \times 2} = \frac{1}{10}$$

➡ 나눗셈을 곱셈으로 고쳐서 계산합니다.

원리 비법 계산 과정에서 **약분**을 하면 계산이 간편해!

 ☐ 안에 알맞은 수를 써넣으세요.

❶ $\dfrac{5}{6} \div 15 = \dfrac{5}{6} \times \dfrac{1}{\boxed{}}$

$= \dfrac{1 \times \boxed{}}{6 \times \boxed{}} = \dfrac{\boxed{}}{\boxed{}}$

❺ $\dfrac{4}{7} \div 16 = \dfrac{4}{7} \times \dfrac{1}{\boxed{}}$

$= \dfrac{1 \times \boxed{}}{7 \times \boxed{}} = \dfrac{\boxed{}}{\boxed{}}$

❷ $\dfrac{3}{5} \div 9 = \dfrac{3}{5} \times \dfrac{1}{\boxed{}}$

$= \dfrac{1 \times \boxed{}}{5 \times \boxed{}} = \dfrac{\boxed{}}{\boxed{}}$

❻ $\dfrac{7}{8} \div 28 = \dfrac{7}{8} \times \dfrac{1}{\boxed{}}$

$= \dfrac{1 \times \boxed{}}{8 \times \boxed{}} = \dfrac{\boxed{}}{\boxed{}}$

❸ $\dfrac{8}{9} \div 24 = \dfrac{8}{9} \times \dfrac{1}{\boxed{}}$

$= \dfrac{1 \times \boxed{}}{9 \times \boxed{}} = \dfrac{\boxed{}}{\boxed{}}$

❼ $\dfrac{6}{7} \div 18 = \dfrac{6}{7} \times \dfrac{1}{\boxed{}}$

$= \dfrac{1 \times \boxed{}}{7 \times \boxed{}} = \dfrac{\boxed{}}{\boxed{}}$

❹ $\dfrac{4}{5} \div 20 = \dfrac{4}{5} \times \dfrac{1}{\boxed{}}$

$= \dfrac{1 \times \boxed{}}{5 \times \boxed{}} = \dfrac{\boxed{}}{\boxed{}}$

❽ $\dfrac{5}{8} \div 15 = \dfrac{5}{8} \times \dfrac{1}{\boxed{}}$

$= \dfrac{1 \times \boxed{}}{8 \times \boxed{}} = \dfrac{\boxed{}}{\boxed{}}$

⟲ 정답 93쪽

💡 나눗셈을 하세요.

9 $\dfrac{4}{5} \div 12$

10 $\dfrac{8}{9} \div 40$

11 $\dfrac{4}{9} \div 8$

12 $\dfrac{3}{5} \div 15$

13 $\dfrac{3}{7} \div 6$

14 $\dfrac{5}{6} \div 25$

15 $\dfrac{5}{7} \div 15$

16 $\dfrac{7}{9} \div 14$

17 $\dfrac{5}{8} \div 30$

18 $\dfrac{4}{10} \div 8$

19 $\dfrac{5}{9} \div 20$

20 $\dfrac{4}{7} \div 8$

21 $\dfrac{4}{10} \div 20$

22 $\dfrac{6}{7} \div 36$

23 $\dfrac{5}{7} \div 25$

24 $\dfrac{3}{4} \div 12$

25 $\dfrac{4}{9} \div 16$

26 $\dfrac{7}{10} \div 35$

27 $\dfrac{3}{10} \div 15$

28 $\dfrac{7}{10} \div 35$

29 $\dfrac{3}{7} \div 15$

08 (가분수)÷(자연수)

○ $\dfrac{5}{3}÷2$의 계산

$$\dfrac{5}{3} ÷ 2 = \dfrac{5 × 2}{3 × 2} ÷ 2 = \dfrac{10}{6} ÷ 2 = \dfrac{10 ÷ 2}{6} = \dfrac{5}{6}$$

➡ 분자 5는 2의 배수가 아니므로 분모와 분자에 2를 곱하여 분자가 나누는 수의 배수가 되도록 만들어 줍니다.

원리 비법 분자를 나누는 수의 **배수**로 만들어 줘!

◈ ☐ 안에 알맞은 수를 써넣으세요.

① $\dfrac{7}{2} ÷ 5 = \dfrac{7 × \boxed{}}{2 × \boxed{}} ÷ 5$

   $= \dfrac{\boxed{}}{\boxed{}} ÷ 5 = \dfrac{\boxed{} ÷ 5}{\boxed{}} = \dfrac{\boxed{}}{\boxed{}}$

⑤ $\dfrac{5}{2} ÷ 3 = \dfrac{5 × \boxed{}}{2 × \boxed{}} ÷ 3$

   $= \dfrac{\boxed{}}{\boxed{}} ÷ 3 = \dfrac{\boxed{} ÷ 3}{\boxed{}} = \dfrac{\boxed{}}{\boxed{}}$

② $\dfrac{3}{2} ÷ 2 = \dfrac{3 × \boxed{}}{2 × \boxed{}} ÷ 2$

   $= \dfrac{\boxed{}}{\boxed{}} ÷ 2 = \dfrac{\boxed{} ÷ 2}{\boxed{}} = \dfrac{\boxed{}}{\boxed{}}$

⑥ $\dfrac{8}{3} ÷ 7 = \dfrac{8 × \boxed{}}{3 × \boxed{}} ÷ 7$

   $= \dfrac{\boxed{}}{\boxed{}} ÷ 7 = \dfrac{\boxed{} ÷ 7}{\boxed{}} = \dfrac{\boxed{}}{\boxed{}}$

③ $\dfrac{7}{6} ÷ 6 = \dfrac{7 × \boxed{}}{6 × \boxed{}} ÷ 6$

   $= \dfrac{\boxed{}}{\boxed{}} ÷ 6 = \dfrac{\boxed{} ÷ 6}{\boxed{}} = \dfrac{\boxed{}}{\boxed{}}$

⑦ $\dfrac{7}{4} ÷ 5 = \dfrac{7 × \boxed{}}{4 × \boxed{}} ÷ 5$

   $= \dfrac{\boxed{}}{\boxed{}} ÷ 5 = \dfrac{\boxed{} ÷ 5}{\boxed{}} = \dfrac{\boxed{}}{\boxed{}}$

④ $\dfrac{5}{4} ÷ 2 = \dfrac{5 × \boxed{}}{4 × \boxed{}} ÷ 2$

   $= \dfrac{\boxed{}}{\boxed{}} ÷ 2 = \dfrac{\boxed{} ÷ 2}{\boxed{}} = \dfrac{\boxed{}}{\boxed{}}$

⑧ $\dfrac{7}{2} ÷ 4 = \dfrac{7 × \boxed{}}{2 × \boxed{}} ÷ 4$

   $= \dfrac{\boxed{}}{\boxed{}} ÷ 4 = \dfrac{\boxed{} ÷ 4}{\boxed{}} = \dfrac{\boxed{}}{\boxed{}}$

공부한 날짜	맞힌 개수	걸린 시간
월 일	/29	분

◆ 나눗셈을 하세요.

9 $\dfrac{7}{2} \div 5$　　　　**16** $\dfrac{9}{7} \div 8$　　　　**23** $\dfrac{7}{3} \div 5$

10 $\dfrac{8}{3} \div 3$　　　　**17** $\dfrac{9}{8} \div 5$　　　　**24** $\dfrac{7}{5} \div 4$

11 $\dfrac{7}{4} \div 2$　　　　**18** $\dfrac{9}{4} \div 4$　　　　**25** $\dfrac{8}{5} \div 5$

12 $\dfrac{7}{6} \div 2$　　　　**19** $\dfrac{4}{3} \div 3$　　　　**26** $\dfrac{9}{4} \div 7$

13 $\dfrac{7}{6} \div 3$　　　　**20** $\dfrac{5}{3} \div 2$　　　　**27** $\dfrac{9}{5} \div 2$

14 $\dfrac{9}{2} \div 8$　　　　**21** $\dfrac{9}{5} \div 7$　　　　**28** $\dfrac{5}{2} \div 2$

15 $\dfrac{5}{3} \div 3$　　　　**22** $\dfrac{7}{3} \div 3$　　　　**29** $\dfrac{9}{7} \div 4$

09 (가분수)÷(자연수)

○ $\dfrac{5}{3} \div 2$의 계산

$$\dfrac{5}{3} \div 2 = \dfrac{5}{3} \times \dfrac{1}{2} = \dfrac{5}{6}$$

➡ $\dfrac{5}{3}$를 똑같이 2로 나누는 것 중 하나는 $\dfrac{5}{3}$의 $\dfrac{1}{2}$이므로 $\dfrac{5}{3} \times \dfrac{1}{2}$입니다.

> **원리 비법** 나누는 자연수를 **분수의 곱셈**으로 고쳐 줘!

💡 ☐ 안에 알맞은 수를 써넣으세요.

1 $\dfrac{5}{2} \div 4 = \dfrac{5}{2} \times \dfrac{\boxed{}}{\boxed{}} = \dfrac{\boxed{}}{\boxed{}}$

6 $\dfrac{8}{3} \div 5 = \dfrac{8}{3} \times \dfrac{\boxed{}}{\boxed{}} = \dfrac{\boxed{}}{\boxed{}}$

2 $\dfrac{7}{2} \div 4 = \dfrac{7}{2} \times \dfrac{\boxed{}}{\boxed{}} = \dfrac{\boxed{}}{\boxed{}}$

7 $\dfrac{4}{3} \div 3 = \dfrac{4}{3} \times \dfrac{\boxed{}}{\boxed{}} = \dfrac{\boxed{}}{\boxed{}}$

3 $\dfrac{9}{2} \div 5 = \dfrac{9}{2} \times \dfrac{\boxed{}}{\boxed{}} = \dfrac{\boxed{}}{\boxed{}}$

8 $\dfrac{9}{8} \div 8 = \dfrac{9}{8} \times \dfrac{\boxed{}}{\boxed{}} = \dfrac{\boxed{}}{\boxed{}}$

4 $\dfrac{8}{5} \div 3 = \dfrac{8}{5} \times \dfrac{\boxed{}}{\boxed{}} = \dfrac{\boxed{}}{\boxed{}}$

9 $\dfrac{7}{5} \div 2 = \dfrac{7}{5} \times \dfrac{\boxed{}}{\boxed{}} = \dfrac{\boxed{}}{\boxed{}}$

5 $\dfrac{7}{3} \div 6 = \dfrac{7}{3} \times \dfrac{\boxed{}}{\boxed{}} = \dfrac{\boxed{}}{\boxed{}}$

10 $\dfrac{8}{7} \div 5 = \dfrac{8}{7} \times \dfrac{\boxed{}}{\boxed{}} = \dfrac{\boxed{}}{\boxed{}}$

🔆 나눗셈을 하세요.

⑪ $\dfrac{7}{2} \div 5$

⑫ $\dfrac{9}{4} \div 4$

⑬ $\dfrac{9}{5} \div 4$

⑭ $\dfrac{7}{5} \div 6$

⑮ $\dfrac{9}{4} \div 7$

⑯ $\dfrac{9}{8} \div 5$

⑰ $\dfrac{5}{3} \div 3$

⑱ $\dfrac{7}{4} \div 3$

⑲ $\dfrac{8}{3} \div 7$

⑳ $\dfrac{3}{2} \div 2$

㉑ $\dfrac{7}{4} \div 5$

㉒ $\dfrac{7}{6} \div 5$

㉓ $\dfrac{9}{7} \div 8$

㉔ $\dfrac{8}{5} \div 5$

㉕ $\dfrac{5}{4} \div 2$

㉖ $\dfrac{9}{5} \div 8$

㉗ $\dfrac{9}{2} \div 4$

㉘ $\dfrac{9}{2} \div 8$

㉙ $\dfrac{5}{2} \div 2$

㉚ $\dfrac{7}{3} \div 2$

㉛ $\dfrac{9}{7} \div 4$

10 (가분수)÷(자연수)

○ $\frac{5}{3} \div 2$의 계산 결과 확인하기

$$\frac{5}{3} \div 2 = \frac{5}{3} \times \frac{1}{2} = \frac{5}{6} \qquad 결과 \quad \frac{5}{3} \div 2 = \frac{5}{6}$$

$$검산 \quad \frac{5}{6} \times 2 = \frac{5}{3}$$

원리 비법 나눗셈의 결과를 **곱셈으로** 확인할 수 있어!

◆ 계산하고 검산하려고 합니다. ☐ 안에 알맞은 수를 써넣으세요.

1 결과 $\frac{5}{2} \div 3 = \frac{\Box}{\Box}$

검산 $\frac{\Box}{\Box} \times \Box = \frac{5}{2}$

4 결과 $\frac{3}{2} \div 2 = \frac{\Box}{\Box}$

검산 $\frac{\Box}{\Box} \times \Box = \frac{3}{2}$

2 결과 $\frac{8}{5} \div 5 = \frac{\Box}{\Box}$

검산 $\frac{\Box}{\Box} \times \Box = \frac{8}{5}$

5 결과 $\frac{7}{3} \div 3 = \frac{\Box}{\Box}$

검산 $\frac{\Box}{\Box} \times \Box = \frac{7}{3}$

3 결과 $\frac{6}{5} \div 5 = \frac{\Box}{\Box}$

검산 $\frac{\Box}{\Box} \times \Box = \frac{6}{5}$

6 결과 $\frac{9}{5} \div 4 = \frac{\Box}{\Box}$

검산 $\frac{\Box}{\Box} \times \Box = \frac{9}{5}$

⊃ 정답 94쪽

공부한 날짜	맞힌 개수	걸린 시간
월 일	/14	분

💡 계산하고 검산하려고 합니다. ☐ 안에 알맞은 수를 써넣으세요.

7 결과 $\dfrac{9}{2} \div 8 = \dfrac{\boxed{}}{\boxed{}}$

검산 $\dfrac{\boxed{}}{\boxed{}} \times \boxed{} = \dfrac{9}{2}$

11 결과 $\dfrac{5}{4} \div 2 = \dfrac{\boxed{}}{\boxed{}}$

검산 $\dfrac{\boxed{}}{\boxed{}} \times \boxed{} = \dfrac{5}{4}$

8 결과 $\dfrac{8}{3} \div 5 = \dfrac{\boxed{}}{\boxed{}}$

검산 $\dfrac{\boxed{}}{\boxed{}} \times \boxed{} = \dfrac{8}{3}$

12 결과 $\dfrac{4}{3} \div 3 = \dfrac{\boxed{}}{\boxed{}}$

검산 $\dfrac{\boxed{}}{\boxed{}} \times \boxed{} = \dfrac{4}{3}$

9 결과 $\dfrac{8}{7} \div 5 = \dfrac{\boxed{}}{\boxed{}}$

검산 $\dfrac{\boxed{}}{\boxed{}} \times \boxed{} = \dfrac{8}{7}$

13 결과 $\dfrac{7}{4} \div 3 = \dfrac{\boxed{}}{\boxed{}}$

검산 $\dfrac{\boxed{}}{\boxed{}} \times \boxed{} = \dfrac{7}{4}$

10 결과 $\dfrac{7}{6} \div 3 = \dfrac{\boxed{}}{\boxed{}}$

검산 $\dfrac{\boxed{}}{\boxed{}} \times \boxed{} = \dfrac{7}{6}$

14 결과 $\dfrac{9}{8} \div 4 = \dfrac{\boxed{}}{\boxed{}}$

검산 $\dfrac{\boxed{}}{\boxed{}} \times \boxed{} = \dfrac{9}{8}$

11 (대분수)÷(자연수)

○ $1\frac{2}{5}÷3$의 계산

$$1\frac{2}{5}÷3=\frac{7}{5}÷3=\frac{7×3}{5×3}÷3=\frac{21}{15}÷3=\frac{21÷3}{15}=\frac{7}{15}$$

🔊 대분수를 가분수로 바꾼 후 크기가 같은 분수 중 분자가 나누는 수의 배수인 수로 바꾸어 계산합니다.

> **원리 비법** 분자를 나누는 수의 **배수**로 만들어 줘!

💡 ☐ 안에 알맞은 수를 써넣으세요.

❶ $2\frac{1}{2}÷4=\frac{☐}{2}÷4=\frac{☐}{8}÷4$
$=\frac{☐÷4}{☐}=\frac{☐}{☐}$

❹ $1\frac{1}{7}÷7=\frac{☐}{7}÷7=\frac{☐}{49}÷7$
$=\frac{☐÷7}{☐}=\frac{☐}{☐}$

❷ $1\frac{4}{5}÷2=\frac{☐}{5}÷2=\frac{☐}{10}÷2$
$=\frac{☐÷2}{☐}=\frac{☐}{☐}$

❺ $3\frac{1}{2}÷4=\frac{☐}{2}÷4=\frac{☐}{8}÷4$
$=\frac{☐÷4}{☐}=\frac{☐}{☐}$

❸ $1\frac{1}{5}÷5=\frac{☐}{5}÷5=\frac{☐}{25}÷5$
$=\frac{☐÷5}{☐}=\frac{☐}{☐}$

❻ $2\frac{2}{3}÷7=\frac{☐}{3}÷7=\frac{☐}{21}÷7$
$=\frac{☐÷7}{☐}=\frac{☐}{☐}$

💡 나눗셈을 하세요.

7 $1\dfrac{2}{5} \div 3$

8 $1\dfrac{4}{5} \div 3$

9 $1\dfrac{2}{5} \div 7$

10 $1\dfrac{3}{7} \div 3$

11 $1\dfrac{7}{8} \div 3$

12 $1\dfrac{4}{9} \div 4$

13 $1\dfrac{4}{9} \div 7$

14 $1\dfrac{2}{9} \div 4$

15 $1\dfrac{6}{7} \div 2$

16 $1\dfrac{5}{8} \div 13$

17 $1\dfrac{8}{9} \div 4$

18 $1\dfrac{5}{9} \div 7$

19 $1\dfrac{2}{7} \div 6$

20 $1\dfrac{3}{4} \div 7$

21 $1\dfrac{3}{5} \div 4$

22 $1\dfrac{2}{9} \div 11$

23 $1\dfrac{4}{7} \div 11$

24 $1\dfrac{3}{8} \div 3$

25 $1\dfrac{4}{5} \div 4$

26 $1\dfrac{5}{7} \div 3$

27 $1\dfrac{7}{9} \div 4$

12 (대분수) ÷ (자연수)

 B

○ $1\frac{2}{5} \div 3$의 계산

$$1\frac{2}{5} \div 3 = \frac{7}{5} \div 3 = \frac{7}{5} \times \frac{1}{3} = \frac{7}{15}$$

🔹 대분수를 가분수로 바꾼 후 분수의 곱셈으로 나타내어 계산합니다.

원리 비법 나눗셈을 **곱셈으로** 바꾸면 계산이 간단해!

🔆 ☐ 안에 알맞은 수를 써넣으세요.

❶ $1\frac{3}{8} \div 7 = \frac{11}{8} \times \frac{\square}{\square} = \frac{\square}{\square}$

❷ $1\frac{6}{7} \div 3 = \frac{13}{7} \times \frac{\square}{\square} = \frac{\square}{\square}$

❸ $1\frac{2}{5} \div 3 = \frac{7}{5} \times \frac{\square}{\square} = \frac{\square}{\square}$

❹ $1\frac{5}{9} \div 5 = \frac{14}{9} \times \frac{\square}{\square} = \frac{\square}{\square}$

❺ $1\frac{3}{7} \div 4 = \frac{10}{7} \times \frac{\square}{\square} = \frac{\square}{\square}$

❻ $1\frac{2}{7} \div 6 = \frac{9}{7} \times \frac{\square}{\square} = \frac{\square}{\square}$

❼ $1\frac{8}{9} \div 7 = \frac{17}{9} \times \frac{\square}{\square} = \frac{\square}{\square}$

❽ $1\frac{7}{8} \div 3 = \frac{15}{8} \times \frac{\square}{\square} = \frac{\square}{\square}$

❾ $1\frac{4}{5} \div 4 = \frac{9}{5} \times \frac{\square}{\square} = \frac{\square}{\square}$

❿ $1\frac{5}{7} \div 4 = \frac{12}{7} \times \frac{\square}{\square} = \frac{\square}{\square}$

공부한 날짜	맞힌 개수	걸린 시간
월 일	/31	분

💡 나눗셈을 하세요.

⑪ $1\dfrac{7}{9} \div 5$ ⑱ $1\dfrac{3}{7} \div 6$ ㉕ $1\dfrac{1}{4} \div 5$

⑫ $1\dfrac{4}{9} \div 7$ ⑲ $1\dfrac{5}{8} \div 7$ ㉖ $1\dfrac{8}{9} \div 4$

⑬ $1\dfrac{2}{9} \div 8$ ⑳ $1\dfrac{4}{9} \div 4$ ㉗ $1\dfrac{3}{7} \div 6$

⑭ $1\dfrac{4}{5} \div 3$ ㉑ $1\dfrac{5}{7} \div 4$ ㉘ $1\dfrac{3}{8} \div 5$

⑮ $1\dfrac{5}{7} \div 2$ ㉒ $1\dfrac{5}{9} \div 7$ ㉙ $1\dfrac{2}{9} \div 7$

⑯ $1\dfrac{3}{7} \div 5$ ㉓ $1\dfrac{3}{5} \div 4$ ㉚ $1\dfrac{6}{7} \div 6$

⑰ $1\dfrac{5}{9} \div 2$ ㉔ $1\dfrac{7}{9} \div 8$ ㉛ $1\dfrac{2}{7} \div 3$

13 (대분수) ÷ (자연수)

○ $1\frac{2}{5} \div 3$의 계산 결과 확인하기

$$1\frac{2}{5} \div 3 = \frac{7}{5} \times \frac{1}{3} = \frac{7}{15}$$ 결과 $1\frac{2}{5} \div 3 = \frac{7}{15}$

검산 $\frac{7}{15} \times 3 = \frac{7}{5} = 1\frac{2}{5}$

원리 비법 몫에 나누는 수를 곱하면 **나누어지는 수**가 되어야 해!

 계산하고 검산하려고 합니다. ☐ 안에 알맞은 수를 써넣으세요.

❶ 결과 $1\frac{2}{5} \div 2 = \frac{\square}{\square}$

검산 $\frac{\square}{\square} \times \square = 1\frac{2}{5}$

❹ 결과 $1\frac{5}{6} \div 5 = \frac{\square}{\square}$

검산 $\frac{\square}{\square} \times \square = 1\frac{5}{6}$

❷ 결과 $1\frac{5}{8} \div 5 = \frac{\square}{\square}$

검산 $\frac{\square}{\square} \times \square = 1\frac{5}{8}$

❺ 결과 $1\frac{4}{9} \div 2 = \frac{\square}{\square}$

검산 $\frac{\square}{\square} \times \square = 1\frac{4}{9}$

❸ 결과 $1\frac{2}{7} \div 4 = \frac{\square}{\square}$

검산 $\frac{\square}{\square} \times \square = 1\frac{2}{7}$

❻ 결과 $1\frac{5}{9} \div 8 = \frac{\square}{\square}$

검산 $\frac{\square}{\square} \times \square = 1\frac{5}{9}$

⟳ 정답 95쪽

💡 계산하고 검산하려고 합니다. ▢ 안에 알맞은 수를 써넣으세요.

7 결과 $1\dfrac{3}{5} \div 3 = \dfrac{\square}{\square}$

검산 $\dfrac{\square}{\square} \times \square = 1\dfrac{3}{5}$

11 결과 $1\dfrac{5}{9} \div 4 = \dfrac{\square}{\square}$

검산 $\dfrac{\square}{\square} \times \square = 1\dfrac{5}{9}$

8 결과 $1\dfrac{3}{8} \div 7 = \dfrac{\square}{\square}$

검산 $\dfrac{\square}{\square} \times \square = 1\dfrac{3}{8}$

12 결과 $1\dfrac{4}{5} \div 3 = \dfrac{\square}{\square}$

검산 $\dfrac{\square}{\square} \times \square = 1\dfrac{4}{5}$

9 결과 $1\dfrac{3}{7} \div 5 = \dfrac{\square}{\square}$

검산 $\dfrac{\square}{\square} \times \square = 1\dfrac{3}{7}$

13 결과 $1\dfrac{3}{8} \div 5 = \dfrac{\square}{\square}$

검산 $\dfrac{\square}{\square} \times \square = 1\dfrac{3}{8}$

10 결과 $1\dfrac{7}{9} \div 5 = \dfrac{\square}{\square}$

검산 $\dfrac{\square}{\square} \times \square = 1\dfrac{7}{9}$

14 결과 $1\dfrac{5}{7} \div 3 = \dfrac{\square}{\square}$

검산 $\dfrac{\square}{\square} \times \square = 1\dfrac{5}{7}$

01 (소수) ÷ (자연수)의 계산 방법① A

○ **24.8 ÷ 2의 계산**

$$248 ÷ 2 = 124$$

$\frac{1}{10}$배 ↓   ↓ $\frac{1}{10}$배

$$24.8 ÷ 2 = 12.4$$

나누어지는 수가 $\frac{1}{10}$배가 되면 몫도 $\frac{1}{10}$배가 됩니다.

원리 비법 몫의 소수점이 왼쪽으로 **한 칸** 이동하면 돼!

 □ 안에 알맞은 수를 써넣으세요.

1 939 ÷ 3 = 313

↓ $\frac{1}{10}$배   ↓ $\frac{1}{10}$배

□ ÷ 3 = □

5 308 ÷ 2 = 154

↓ $\frac{1}{10}$배   ↓ $\frac{1}{10}$배

□ ÷ 2 = □

2 955 ÷ 5 = 191

↓ $\frac{1}{10}$배   ↓ $\frac{1}{10}$배

□ ÷ 5 = □

6 708 ÷ 6 = 118

↓ $\frac{1}{10}$배   ↓ $\frac{1}{10}$배

□ ÷ 6 = □

3 896 ÷ 8 = 112

↓ $\frac{1}{10}$배   ↓ $\frac{1}{10}$배

□ ÷ 8 = □

7 844 ÷ 4 = 211

↓ $\frac{1}{10}$배   ↓ $\frac{1}{10}$배

□ ÷ 4 = □

4 632 ÷ 2 = 316

↓ $\frac{1}{10}$배   ↓ $\frac{1}{10}$배

□ ÷ 2 = □

8 826 ÷ 7 = 118

↓ $\frac{1}{10}$배   ↓ $\frac{1}{10}$배

□ ÷ 7 = □

◈ 나눗셈을 하세요.

9 65.6 ÷ 2

16 99.4 ÷ 7

23 66.4 ÷ 4

10 76.2 ÷ 6

17 99.6 ÷ 6

24 59.6 ÷ 2

11 85.6 ÷ 4

18 94.4 ÷ 8

25 66.9 ÷ 3

12 85.2 ÷ 2

19 83.5 ÷ 5

26 96.5 ÷ 5

13 80.4 ÷ 6

20 56.7 ÷ 3

27 76.8 ÷ 3

14 93.1 ÷ 7

21 47.6 ÷ 2

28 68.5 ÷ 5

15 75.5 ÷ 5

22 83.4 ÷ 6

29 88.2 ÷ 7

02 (소수)÷(자연수)의 계산 방법① B

○ **2.48÷2의 계산**

$$248 \div 2 = 124$$

$\frac{1}{100}$배 ↓   ↓ $\frac{1}{100}$배

$$2.48 \div 2 = 1.24$$

➡ 나누어지는 수가 $\frac{1}{100}$배가 되면 몫도 $\frac{1}{100}$배가 됩니다.

원리 비법 몫의 소수점이 왼쪽으로 **두 칸** 이동하면 돼!

 ☐ 안에 알맞은 수를 써넣으세요.

① $724 \div 2 = 362$

↓ $\frac{1}{100}$배   ↓ $\frac{1}{100}$배

☐ $\div 2 =$ ☐

② $267 \div 3 = 89$

↓ $\frac{1}{100}$배   ↓ $\frac{1}{100}$배

☐ $\div 3 =$ ☐

③ $904 \div 8 = 113$

↓ $\frac{1}{100}$배   ↓ $\frac{1}{100}$배

☐ $\div 8 =$ ☐

④ $774 \div 6 = 129$

↓ $\frac{1}{100}$배   ↓ $\frac{1}{100}$배

☐ $\div 6 =$ ☐

⑤ $868 \div 7 = 124$

↓ $\frac{1}{100}$배   ↓ $\frac{1}{100}$배

☐ $\div 7 =$ ☐

⑥ $532 \div 4 = 133$

↓ $\frac{1}{100}$배   ↓ $\frac{1}{100}$배

☐ $\div 4 =$ ☐

⑦ $725 \div 5 = 145$

↓ $\frac{1}{100}$배   ↓ $\frac{1}{100}$배

☐ $\div 5 =$ ☐

⑧ $848 \div 2 = 424$

↓ $\frac{1}{100}$배   ↓ $\frac{1}{100}$배

☐ $\div 2 =$ ☐

⟳ 정답 96쪽

◈ 나눗셈을 하세요.

9 4.74 ÷ 3

10 8.64 ÷ 6

11 7.46 ÷ 2

12 9.35 ÷ 5

13 8.46 ÷ 6

14 7.77 ÷ 7

15 8.26 ÷ 2

16 9.36 ÷ 8

17 9.08 ÷ 4

18 8.47 ÷ 7

19 9.52 ÷ 8

20 5.74 ÷ 2

21 5.08 ÷ 4

22 8.88 ÷ 8

23 8.28 ÷ 2

24 9.15 ÷ 5

25 6.18 ÷ 3

26 7.68 ÷ 6

27 9.72 ÷ 6

28 9.17 ÷ 7

29 8.76 ÷ 4

03 (소수) ÷ (자연수)의 계산 방법②

○ 4.56 ÷ 3의 계산

$$4.56 \div 3 = \frac{456}{100} \div 3 = \frac{456 \div 3}{100} = \frac{152}{100} = 1.52$$

➡ 소수와 자연수의 나눗셈을 분수와 자연수의 나눗셈으로 바꾸어 계산할 수 있습니다.

원리 비법 계산 후 분수를 **소수로** 다시 바꿔 줘야 해!

💡 ☐ 안에 알맞은 수를 써넣으세요.

1 $9.08 \div 4 = \dfrac{\boxed{}}{100} \div 4$

$= \dfrac{\boxed{} \div 4}{100} = \dfrac{\boxed{}}{100} = \boxed{}$

5 $6.78 \div 2 = \dfrac{\boxed{}}{100} \div 2$

$= \dfrac{\boxed{} \div 2}{100} = \dfrac{\boxed{}}{100} = \boxed{}$

2 $9.96 \div 3 = \dfrac{\boxed{}}{100} \div 3$

$= \dfrac{\boxed{} \div 3}{100} = \dfrac{\boxed{}}{100} = \boxed{}$

6 $7.84 \div 7 = \dfrac{\boxed{}}{100} \div 7$

$= \dfrac{\boxed{} \div 7}{100} = \dfrac{\boxed{}}{100} = \boxed{}$

3 $9.17 \div 7 = \dfrac{\boxed{}}{100} \div 7$

$= \dfrac{\boxed{} \div 7}{100} = \dfrac{\boxed{}}{100} = \boxed{}$

7 $6.55 \div 5 = \dfrac{\boxed{}}{100} \div 5$

$= \dfrac{\boxed{} \div 5}{100} = \dfrac{\boxed{}}{100} = \boxed{}$

4 $9.92 \div 8 = \dfrac{\boxed{}}{100} \div 8$

$= \dfrac{\boxed{} \div 8}{100} = \dfrac{\boxed{}}{100} = \boxed{}$

8 $7.08 \div 6 = \dfrac{\boxed{}}{100} \div 6$

$= \dfrac{\boxed{} \div 6}{100} = \dfrac{\boxed{}}{100} = \boxed{}$

💡 나눗셈을 하세요.

9 9.04 ÷ 8

10 6.64 ÷ 4

11 6.84 ÷ 6

12 8.12 ÷ 7

13 5.52 ÷ 4

14 9.44 ÷ 8

15 5.14 ÷ 2

16 3.36 ÷ 3

17 8.82 ÷ 7

18 8.35 ÷ 5

19 7.24 ÷ 2

20 5.32 ÷ 4

21 9.12 ÷ 6

22 8.33 ÷ 7

23 9.96 ÷ 6

24 4.64 ÷ 4

25 7.74 ÷ 6

26 7.35 ÷ 5

27 3.66 ÷ 2

28 9.39 ÷ 3

29 5.75 ÷ 5

04 (소수)÷(자연수)의 계산 방법② B

○ 4.56÷3의 계산

```
        1 5 2              1 . 5 2
    3 ) 4 5 6          3 ) 4 . 5 6
        3                  3
        1 5                1 5
        1 5                1 5
            6                  6
            6                  6
            0                  0
```

➡ 몫의 소수점의 위치는 나누어지는 수의 소수점 위치와 같게 찍습니다.

원리 비법 나누어지는 수의 **소수점을 몫에도** 찍어 줘야 해!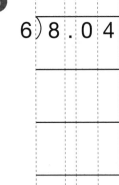

💡 나눗셈을 하세요.

1

```
3 ) 7 . 6 8
```

3

```
2 ) 5 . 9 6
```

5

```
6 ) 8 . 0 4
```

2

```
2 ) 8 . 4 8
```

4

```
7 ) 9 . 8 7
```

6

```
4 ) 8 . 8 4
```

💡 나눗셈을 하세요.

7

$6\overline{)8.64}$

8

$3\overline{)9.63}$

9

$4\overline{)9.28}$

10

$6\overline{)8.46}$

11

$2\overline{)8.84}$

12

$3\overline{)8.34}$

13

$2\overline{)7.46}$

14

$7\overline{)8.68}$

15

$4\overline{)5.08}$

16

$5\overline{)6.85}$

17

$6\overline{)9.78}$

18

$5\overline{)9.65}$

19

$8\overline{)9.12}$

20

$2\overline{)8.28}$

21

$2\overline{)2.64}$

22

$2\overline{)4.76}$

23

$7\overline{)9.45}$

24

$3\overline{)4.74}$

 **05** # 몫이 1보다 작은 (소수)÷(자연수) **A**

○ **2.04÷4의 계산**

$$2.04 \div 4 = \frac{204}{100} \div 4 = \frac{204 \div 4}{100} = \frac{51}{100} = 0.51$$

➡ 소수와 자연수의 나눗셈을 분수와 자연수의 나눗셈으로 바꾸어 계산할 수 있습니다.

 몫이 1보다 작으면 자연수 자리에 0을 써!

◈ ☐ 안에 알맞은 수를 써넣으세요.

① $2.64 \div 6 = \dfrac{\boxed{}}{100} \div 6$

$= \dfrac{\boxed{} \div 6}{100} = \dfrac{\boxed{}}{100} = \boxed{}$

⑤ $3.08 \div 4 = \dfrac{\boxed{}}{100} \div 4$

$= \dfrac{\boxed{} \div 4}{100} = \dfrac{\boxed{}}{100} = \boxed{}$

② $1.92 \div 8 = \dfrac{\boxed{}}{100} \div 8$

$= \dfrac{\boxed{} \div 8}{100} = \dfrac{\boxed{}}{100} = \boxed{}$

⑥ $3.24 \div 6 = \dfrac{\boxed{}}{100} \div 6$

$= \dfrac{\boxed{} \div 6}{100} = \dfrac{\boxed{}}{100} = \boxed{}$

③ $5.76 \div 9 = \dfrac{\boxed{}}{100} \div 9$

$= \dfrac{\boxed{} \div 9}{100} = \dfrac{\boxed{}}{100} = \boxed{}$

⑦ $3.44 \div 4 = \dfrac{\boxed{}}{100} \div 4$

$= \dfrac{\boxed{} \div 4}{100} = \dfrac{\boxed{}}{100} = \boxed{}$

④ $6.51 \div 7 = \dfrac{\boxed{}}{100} \div 7$

$= \dfrac{\boxed{} \div 7}{100} = \dfrac{\boxed{}}{100} = \boxed{}$

⑧ $3.42 \div 9 = \dfrac{\boxed{}}{100} \div 9$

$= \dfrac{\boxed{} \div 9}{100} = \dfrac{\boxed{}}{100} = \boxed{}$

↻ 정답 97쪽

💡 나눗셈을 하세요.

9 $1.15 \div 5$

16 $3.78 \div 9$

23 $6.03 \div 9$

10 $5.44 \div 8$

17 $1.35 \div 5$

24 $3.16 \div 4$

11 $3.22 \div 7$

18 $8.64 \div 9$

25 $2.04 \div 6$

12 $5.84 \div 8$

19 $1.85 \div 5$

26 $2.24 \div 4$

13 $1.74 \div 3$

20 $5.28 \div 6$

27 $5.25 \div 7$

14 $1.32 \div 6$

21 $2.88 \div 6$

28 $7.76 \div 8$

15 $1.92 \div 6$

22 $2.82 \div 3$

29 $6.09 \div 7$

06 몫이 1보다 작은 (소수)÷(자연수) B

○ 2.04 ÷ 4의 계산

$$204 \div 4 = 51$$

$\frac{1}{100}$배 $\downarrow$ $\downarrow \frac{1}{100}$배

$$2.04 \div 4 = 0.51$$

➡ 나누어지는 수가 $\frac{1}{100}$배가 되면 몫도 $\frac{1}{100}$배가 됩니다.

원리 비법 몫의 소수점이 왼쪽으로 **두 칸** 이동하면 돼!

◈ ☐ 안에 알맞은 수를 써넣으세요.

① 136 ÷ 4 = 34

$\downarrow \frac{1}{100}$배 $\downarrow \frac{1}{100}$배

☐ ÷ 4 = ☐

⑤ 125 ÷ 5 = 25

$\downarrow \frac{1}{100}$배 $\downarrow \frac{1}{100}$배

☐ ÷ 5 = ☐

② 294 ÷ 7 = 42

$\downarrow \frac{1}{100}$배 $\downarrow \frac{1}{100}$배

☐ ÷ 7 = ☐

⑥ 342 ÷ 6 = 57

$\downarrow \frac{1}{100}$배 $\downarrow \frac{1}{100}$배

☐ ÷ 6 = ☐

③ 196 ÷ 7 = 28

$\downarrow \frac{1}{100}$배 $\downarrow \frac{1}{100}$배

☐ ÷ 7 = ☐

⑦ 148 ÷ 2 = 74

$\downarrow \frac{1}{100}$배 $\downarrow \frac{1}{100}$배

☐ ÷ 2 = ☐

④ 846 ÷ 9 = 94

$\downarrow \frac{1}{100}$배 $\downarrow \frac{1}{100}$배

☐ ÷ 9 = ☐

⑧ 224 ÷ 4 = 56

$\downarrow \frac{1}{100}$배 $\downarrow \frac{1}{100}$배

☐ ÷ 4 = ☐

💡 나눗셈을 하세요.

9 6.08 ÷ 8

16 3.33 ÷ 9

23 3.85 ÷ 7

10 1.96 ÷ 4

17 1.34 ÷ 2

24 7.12 ÷ 8

11 3.54 ÷ 6

18 4.75 ÷ 5

25 3.25 ÷ 5

12 3.52 ÷ 4

19 2.16 ÷ 6

26 3.95 ÷ 5

13 1.15 ÷ 5

20 8.82 ÷ 9

27 3.36 ÷ 7

14 1.84 ÷ 2

21 1.35 ÷ 3

28 1.58 ÷ 2

15 2.76 ÷ 3

22 5.13 ÷ 9

29 1.55 ÷ 5

07 몫이 1보다 작은 (소수)÷(자연수) C

○ 2.04÷4의 계산

```
      5 1              0 . 5 1
4) 2 0 4          4) 2 . 0 4
   2 0               2 0
   ─────             ─────
      4                   4
      4                   4
   ─────             ─────
      0                   0
```

⟹ 몫의 소수점의 위치는 나누어지는 수의 소수점 위치와 같게 찍습니다.

원리 비법 나누어지는 수의 소수점을 **몫에도** 찍어 줘야 해!

◆ 나눗셈을 하세요.

①

```
2) 1 . 2 2
```

②

```
9) 5 . 5 8
```

③

```
7) 3 . 0 8
```

④

```
9) 7 . 6 5
```

⑤

```
9) 3 . 1 5
```

⑥

```
9) 6 . 8 4
```

⑦

```
3) 1 . 5 9
```

⑧

```
3) 1 . 9 5
```

⑨

```
2) 1 . 8 8
```

💡 나눗셈을 하세요.

⑩
$3\overline{)1.68}$

⑯
$5\overline{)3.75}$

㉒
$4\overline{)2.16}$

⑪
$6\overline{)2.28}$

⑰
$7\overline{)6.23}$

㉓
$8\overline{)4.64}$

⑫
$8\overline{)2.24}$

⑱
$2\overline{)1.84}$

㉔
$4\overline{)1.88}$

⑬
$3\overline{)1.86}$

⑲
$7\overline{)4.13}$

㉕
$5\overline{)1.65}$

⑭
$3\overline{)2.88}$

⑳
$3\overline{)2.58}$

㉖
$3\overline{)2.28}$

⑮
$3\overline{)2.34}$

㉑
$5\overline{)2.45}$

㉗
$7\overline{)4.62}$

08 소수점 아래 0을 내려 계산하는 (소수)÷(자연수)

 A

○ **7.4÷5의 계산**

$$7.4 \div 5 = \frac{74}{10} \div 5 = \frac{740}{100} \div 5$$

$$= \frac{740 \div 5}{100} = \frac{148}{100} = 1.48$$

➡ 7.4 ÷ 5에서 $\frac{74}{10}$ ÷ 5로 고치면 74 ÷ 5가 나누어떨어지지 않기 때문에 분모와 분자에 0을 하나씩 붙여 줍니다.

 나누어떨어지지 않을 때에는 분모와 분자에 0을 붙여 줘!

💡 ☐ 안에 알맞은 수를 써넣으세요.

1 $4.3 \div 2 = \frac{\boxed{}}{100} \div 2 = \frac{\boxed{} \div 2}{100}$
$= \frac{\boxed{}}{100} = \boxed{}$

5 $6.6 \div 5 = \frac{\boxed{}}{100} \div 5 = \frac{\boxed{} \div 5}{100}$
$= \frac{\boxed{}}{100} = \boxed{}$

2 $5.7 \div 5 = \frac{\boxed{}}{100} \div 5 = \frac{\boxed{} \div 5}{100}$
$= \frac{\boxed{}}{100} = \boxed{}$

6 $8.9 \div 2 = \frac{\boxed{}}{100} \div 2 = \frac{\boxed{} \div 2}{100}$
$= \frac{\boxed{}}{100} = \boxed{}$

3 $9.8 \div 4 = \frac{\boxed{}}{100} \div 4 = \frac{\boxed{} \div 4}{100}$
$= \frac{\boxed{}}{100} = \boxed{}$

7 $6.1 \div 5 = \frac{\boxed{}}{100} \div 5 = \frac{\boxed{} \div 5}{100}$
$= \frac{\boxed{}}{100} = \boxed{}$

4 $7.3 \div 5 = \frac{\boxed{}}{100} \div 5 = \frac{\boxed{} \div 5}{100}$
$= \frac{\boxed{}}{100} = \boxed{}$

8 $6.9 \div 2 = \frac{\boxed{}}{100} \div 2 = \frac{\boxed{} \div 2}{100}$
$= \frac{\boxed{}}{100} = \boxed{}$

⟲ 정답 97쪽

공부한 날짜	맞힌 개수	걸린 시간
월 일	/29	분

💡 나눗셈을 하세요.

9 5.4 ÷ 4

10 6.8 ÷ 5

11 9.5 ÷ 2

12 3.5 ÷ 2

13 6.3 ÷ 5

14 9.3 ÷ 2

15 6.5 ÷ 2

16 7.5 ÷ 2

17 5.7 ÷ 2

18 4.7 ÷ 2

19 7.3 ÷ 2

20 7.8 ÷ 5

21 7.1 ÷ 5

22 4.6 ÷ 4

23 3.3 ÷ 2

24 9.2 ÷ 8

25 4.5 ÷ 2

26 8.5 ÷ 2

27 2.5 ÷ 2

28 7.9 ÷ 2

29 7.5 ÷ 6

09 소수점 아래 0을 내려 계산하는 (소수)÷(자연수) B

2. 소수의 나눗셈

○ **7.4÷5의 계산**

$$740 \div 5 = 148$$
$\frac{1}{100}$배 ↓   ↓ $\frac{1}{100}$배
$$7.4 \div 5 = 1.48$$

➡ 나누어지는 수가 $\frac{1}{100}$배가 되면 몫도 $\frac{1}{100}$배가 됩니다.

> **원리비법** 몫의 소수점이 왼쪽으로 **두 칸** 이동하면 돼!

◆ ☐ 안에 알맞은 수를 써넣으세요.

❶ $890 \div 2 = 445$
↓$\frac{1}{100}$배   ↓$\frac{1}{100}$배
☐ $\div 2 =$ ☐

❺ $940 \div 4 = 235$
↓$\frac{1}{100}$배   ↓$\frac{1}{100}$배
☐ $\div 4 =$ ☐

❷ $590 \div 5 = 118$
↓$\frac{1}{100}$배   ↓$\frac{1}{100}$배
☐ $\div 5 =$ ☐

❻ $620 \div 4 = 155$
↓$\frac{1}{100}$배   ↓$\frac{1}{100}$배
☐ $\div 4 =$ ☐

❸ $650 \div 2 = 325$
↓$\frac{1}{100}$배   ↓$\frac{1}{100}$배
☐ $\div 2 =$ ☐

❼ $910 \div 2 = 455$
↓$\frac{1}{100}$배   ↓$\frac{1}{100}$배
☐ $\div 2 =$ ☐

❹ $610 \div 5 = 122$
↓$\frac{1}{100}$배   ↓$\frac{1}{100}$배
☐ $\div 5 =$ ☐

❽ $770 \div 5 = 154$
↓$\frac{1}{100}$배   ↓$\frac{1}{100}$배
☐ $\div 5 =$ ☐

◈ 나눗셈을 하세요.

9 8.7 ÷ 6

10 2.5 ÷ 2

11 9.5 ÷ 2

12 6.8 ÷ 5

13 7.7 ÷ 2

14 3.7 ÷ 2

15 6.9 ÷ 6

16 5.1 ÷ 2

17 5.4 ÷ 4

18 2.3 ÷ 2

19 5.6 ÷ 5

20 7.2 ÷ 5

21 8.5 ÷ 2

22 3.3 ÷ 2

23 7.1 ÷ 2

24 8.1 ÷ 5

25 7.9 ÷ 5

26 6.7 ÷ 5

27 7.4 ÷ 5

28 3.9 ÷ 2

29 4.9 ÷ 2

10 소수점 아래 0을 내려 계산하는 (소수)÷(자연수) C

○ 7.4÷5의 계산

```
        1 4 8              1.4 8
    5) 7 4 0          5) 7.4 0
       5                  5
       2 4                2 4
       2 0                2 0
         4 0                4 0
         4 0                4 0
           0                  0
```

➡ 계산이 끝나지 않으면 0을 하나 내려 계산합니다.

 나누어지는 수의 소수점을 **몫에도** 찍어 줘야 해!

💡 나눗셈을 하세요.

1
```
2) 4.7
```

3
```
2) 8.7
```

5
```
4) 7.8
```

2
```
5) 5.9
```

4
```
2) 3.7
```

6
```
2) 6.9
```

⤴ 정답 98쪽

공부한 날짜	맞힌 개수	걸린 시간
월 일	/24	분

🔅 나눗셈을 하세요.

7
$5 \overline{)7.1}$

8
$4 \overline{)9.4}$

9
$5 \overline{)8.3}$

10
$5 \overline{)6.3}$

11
$4 \overline{)6.2}$

12
$2 \overline{)9.1}$

13
$2 \overline{)7.9}$

14
$4 \overline{)8.6}$

15
$2 \overline{)2.9}$

16
$4 \overline{)4.6}$

17
$2 \overline{)8.3}$

18
$5 \overline{)8.1}$

19
$2 \overline{)6.5}$

20
$5 \overline{)7.4}$

21
$2 \overline{)7.5}$

22
$5 \overline{)6.8}$

23
$6 \overline{)7.5}$

24
$4 \overline{)9.8}$

11 몫의 소수 첫째 자리에 0이 있는 (소수)÷(자연수)

○ 6.3 ÷ 6의 계산

$$6.3 \div 6 = \frac{63}{10} \div 6 = \frac{630}{100} \div 6$$

$$= \frac{630 \div 6}{100} = \frac{105}{100} = 1.05$$

➡ 6.3 ÷ 6에서 $\frac{63}{10}$ ÷ 6로 고치면 63 ÷ 6이 나누어떨어

지지 않기 때문에 분모와 분자에 0을 하나씩 붙여 줍니다.

원리 비법 나누어떨어지지 않을 때에는 분모와 분자에 **0을 붙여 줘**!

✦ ☐ 안에 알맞은 수를 써넣으세요.

1 $8.1 \div 2 = \dfrac{\boxed{}}{100} \div 2 = \dfrac{\boxed{} \div 2}{100}$

$= \dfrac{\boxed{}}{100} = \boxed{}$

5 $4.2 \div 4 = \dfrac{\boxed{}}{100} \div 4 = \dfrac{\boxed{} \div 4}{100}$

$= \dfrac{\boxed{}}{100} = \boxed{}$

2 $2.1 \div 2 = \dfrac{\boxed{}}{100} \div 2 = \dfrac{\boxed{} \div 2}{100}$

$= \dfrac{\boxed{}}{100} = \boxed{}$

6 $5.1 \div 5 = \dfrac{\boxed{}}{100} \div 5 = \dfrac{\boxed{} \div 5}{100}$

$= \dfrac{\boxed{}}{100} = \boxed{}$

3 $8.2 \div 4 = \dfrac{\boxed{}}{100} \div 4 = \dfrac{\boxed{} \div 4}{100}$

$= \dfrac{\boxed{}}{100} = \boxed{}$

7 $5.4 \div 5 = \dfrac{\boxed{}}{100} \div 5 = \dfrac{\boxed{} \div 5}{100}$

$= \dfrac{\boxed{}}{100} = \boxed{}$

4 $6.1 \div 2 = \dfrac{\boxed{}}{100} \div 2 = \dfrac{\boxed{} \div 2}{100}$

$= \dfrac{\boxed{}}{100} = \boxed{}$

8 $8.4 \div 8 = \dfrac{\boxed{}}{100} \div 8 = \dfrac{\boxed{} \div 8}{100}$

$= \dfrac{\boxed{}}{100} = \boxed{}$

↪ 정답 98쪽

공부한 날짜	맞힌 개수	걸린 시간
월 일	/18	분

◈ ⬜ 안에 알맞은 수를 써넣으세요.

9 $6.3 \div 6 = \dfrac{\boxed{}}{100} \div 6 = \dfrac{\boxed{} \div 6}{100}$

$= \dfrac{\boxed{}}{100} = \boxed{}$

14 $5.2 \div 5 = \dfrac{\boxed{}}{100} \div 5 = \dfrac{\boxed{} \div 5}{100}$

$= \dfrac{\boxed{}}{100} = \boxed{}$

10 $4.1 \div 2 = \dfrac{\boxed{}}{100} \div 2 = \dfrac{\boxed{} \div 2}{100}$

$= \dfrac{\boxed{}}{100} = \boxed{}$

15 $5.3 \div 5 = \dfrac{\boxed{}}{100} \div 5 = \dfrac{\boxed{} \div 5}{100}$

$= \dfrac{\boxed{}}{100} = \boxed{}$

11 $2.1 \div 2 = \dfrac{\boxed{}}{100} \div 2 = \dfrac{\boxed{} \div 2}{100}$

$= \dfrac{\boxed{}}{100} = \boxed{}$

16 $5.4 \div 5 = \dfrac{\boxed{}}{100} \div 5 = \dfrac{\boxed{} \div 5}{100}$

$= \dfrac{\boxed{}}{100} = \boxed{}$

12 $8.2 \div 4 = \dfrac{\boxed{}}{100} \div 4 = \dfrac{\boxed{} \div 4}{100}$

$= \dfrac{\boxed{}}{100} = \boxed{}$

17 $8.1 \div 2 = \dfrac{\boxed{}}{100} \div 2 = \dfrac{\boxed{} \div 2}{100}$

$= \dfrac{\boxed{}}{100} = \boxed{}$

13 $4.2 \div 4 = \dfrac{\boxed{}}{100} \div 4 = \dfrac{\boxed{} \div 4}{100}$

$= \dfrac{\boxed{}}{100} = \boxed{}$

18 $8.4 \div 8 = \dfrac{\boxed{}}{100} \div 8 = \dfrac{\boxed{} \div 8}{100}$

$= \dfrac{\boxed{}}{100} = \boxed{}$

12 몫의 소수 첫째 자리에 0이 있는 (소수)÷(자연수) B

○ 6.3÷6의 계산

$$630 \div 6 = 105$$

$\frac{1}{100}$배 ↓   ↓ $\frac{1}{100}$배

$$6.3 \div 6 = 1.05$$

➡ 나누어지는 수가 $\frac{1}{100}$배가 되면 몫도 $\frac{1}{100}$배가 됩니다.

 원리 비법   몫의 소수점이 왼쪽으로 **두 칸** 이동하면 돼!

◈ ☐ 안에 알맞은 수를 써넣으세요.

1 $630 \div 6 = 105$

↓ $\frac{1}{100}$배   ↓ $\frac{1}{100}$배

☐ $\div 6 =$ ☐

5 $820 \div 4 = 205$

↓ $\frac{1}{100}$배   ↓ $\frac{1}{100}$배

☐ $\div 4 =$ ☐

2 $520 \div 5 = 104$

↓ $\frac{1}{100}$배   ↓ $\frac{1}{100}$배

☐ $\div 5 =$ ☐

6 $610 \div 2 = 305$

↓ $\frac{1}{100}$배   ↓ $\frac{1}{100}$배

☐ $\div 2 =$ ☐

3 $530 \div 5 = 106$

↓ $\frac{1}{100}$배   ↓ $\frac{1}{100}$배

☐ $\div 5 =$ ☐

7 $410 \div 2 = 205$

↓ $\frac{1}{100}$배   ↓ $\frac{1}{100}$배

☐ $\div 2 =$ ☐

4 $510 \div 5 = 102$

↓ $\frac{1}{100}$배   ↓ $\frac{1}{100}$배

☐ $\div 5 =$ ☐

8 $420 \div 4 = 105$

↓ $\frac{1}{100}$배   ↓ $\frac{1}{100}$배

☐ $\div 4 =$ ☐

공부한 날짜	맞힌 개수	걸린 시간
월 일	/18	분

◈ ☐ 안에 알맞은 수를 써넣으세요.

9 $210 \div 2 = 105$

$\downarrow \frac{1}{100}$배 $\qquad \downarrow \frac{1}{100}$배

☐ $\div 2 =$ ☐

10 $810 \div 2 = 405$

$\downarrow \frac{1}{100}$배 $\qquad \downarrow \frac{1}{100}$배

☐ $\div 2 =$ ☐

11 $520 \div 5 = 104$

$\downarrow \frac{1}{100}$배 $\qquad \downarrow \frac{1}{100}$배

☐ $\div 5 =$ ☐

12 $820 \div 4 = 205$

$\downarrow \frac{1}{100}$배 $\qquad \downarrow \frac{1}{100}$배

☐ $\div 4 =$ ☐

13 $410 \div 2 = 205$

$\downarrow \frac{1}{100}$배 $\qquad \downarrow \frac{1}{100}$배

☐ $\div 2 =$ ☐

14 $540 \div 5 = 108$

$\downarrow \frac{1}{100}$배 $\qquad \downarrow \frac{1}{100}$배

☐ $\div 5 =$ ☐

15 $840 \div 8 = 105$

$\downarrow \frac{1}{100}$배 $\qquad \downarrow \frac{1}{100}$배

☐ $\div 8 =$ ☐

16 $420 \div 4 = 105$

$\downarrow \frac{1}{100}$배 $\qquad \downarrow \frac{1}{100}$배

☐ $\div 4 =$ ☐

17 $630 \div 6 = 105$

$\downarrow \frac{1}{100}$배 $\qquad \downarrow \frac{1}{100}$배

☐ $\div 6 =$ ☐

18 $610 \div 2 = 305$

$\downarrow \frac{1}{100}$배 $\qquad \downarrow \frac{1}{100}$배

☐ $\div 2 =$ ☐

13 몫의 소수 첫째 자리에 0이 있는 (소수)÷(자연수)

○ 6.3÷6의 계산

```
      1 0 5              1.0 5
  6) 6 3 0          6) 6.3 0
     6                  6
     ──────             ──────
       3 0                3 0
       3 0                3 0
       ──────            ──────
          0                 0
```

➡ 3을 6으로 나눌 수 없으므로 몫에 0을 쓰고 수를 하나 더 내려 씁니다.

 나누어지는 수의 소수점을 **몫에도** 찍어 줘야 해!

◇ 나눗셈을 하세요.

1
```
2) 2.1
```

4
```
6) 6.3
```

7
```
5) 5.3
```

2
```
4) 8.2
```

5
```
2) 8.1
```

8
```
5) 5.1
```

3
```
5) 5.4
```

6
```
5) 5.2
```

9
```
2) 6.1
```

◈ 나눗셈을 하세요.

10

$$4\overline{)4\,.\,2}$$

11

$$2\overline{)8\,.\,1}$$

12

$$5\overline{)5\,.\,3}$$

13

$$2\overline{)6\,.\,1}$$

14

$$8\overline{)8\,.\,4}$$

15

$$8\overline{)8\,.\,4}$$

16

$$5\overline{)5\,.\,2}$$

17

$$2\overline{)2\,.\,1}$$

18

$$6\overline{)6\,.\,3}$$

19

$$2\overline{)4\,.\,1}$$

20

$$2\overline{)4\,.\,1}$$

21

$$5\overline{)5\,.\,1}$$

22

$$5\overline{)5\,.\,4}$$

23

$$4\overline{)8\,.\,2}$$

24

$$2\overline{)8\,.\,1}$$

14 (자연수)÷(자연수)의 몫을 소수로 나타내기 A

○ 9÷2의 계산

$$9 \div 2 = \frac{9}{2} = \frac{45}{10} = 4.5$$

➡ $\frac{9}{2}$를 $\frac{45}{10}$로 고쳐 준 후 소수로 바꿉니다.

 분모를 **10으로** 만들어 줘야 해!

💡 ☐ 안에 알맞은 수를 써넣으세요.

1 $5 \div 2 = \dfrac{5}{2} = \dfrac{\boxed{}}{10} = \boxed{}$

6 $11 \div 5 = \dfrac{11}{5} = \dfrac{\boxed{}}{10} = \boxed{}$

2 $42 \div 5 = \dfrac{42}{5} = \dfrac{\boxed{}}{10} = \boxed{}$

7 $37 \div 2 = \dfrac{37}{2} = \dfrac{\boxed{}}{10} = \boxed{}$

3 $7 \div 5 = \dfrac{7}{5} = \dfrac{\boxed{}}{10} = \boxed{}$

8 $18 \div 5 = \dfrac{18}{5} = \dfrac{\boxed{}}{10} = \boxed{}$

4 $47 \div 2 = \dfrac{47}{2} = \dfrac{\boxed{}}{10} = \boxed{}$

9 $32 \div 5 = \dfrac{32}{5} = \dfrac{\boxed{}}{10} = \boxed{}$

5 $12 \div 5 = \dfrac{12}{5} = \dfrac{\boxed{}}{10} = \boxed{}$

10 $25 \div 2 = \dfrac{25}{2} = \dfrac{\boxed{}}{10} = \boxed{}$

💡 나눗셈을 하세요.

⑪ $22 \div 5$

⑱ $15 \div 2$

㉕ $37 \div 5$

⑫ $21 \div 2$

⑲ $47 \div 5$

㉖ $6 \div 5$

⑬ $48 \div 5$

⑳ $17 \div 5$

㉗ $5 \div 2$

⑭ $21 \div 5$

㉑ $33 \div 2$

㉘ $34 \div 5$

⑮ $27 \div 2$

㉒ $28 \div 5$

㉙ $46 \div 5$

⑯ $16 \div 5$

㉓ $31 \div 2$

㉚ $19 \div 5$

⑰ $45 \div 2$

㉔ $9 \div 5$

㉛ $44 \div 5$

15 (자연수)÷(자연수)의 몫을 소수로 나타내기 B

○ 9÷2의 계산

$$90 \div 2 = 45$$

$\frac{1}{10}$배 ↓   ↓ $\frac{1}{10}$배

$$9 \div 2 = 4.5$$

➡ 나누어지는 수가 $\frac{1}{10}$배가 되면 몫도 $\frac{1}{10}$배가 됩니다.

 몫의 소수점이 왼쪽으로 **한 칸** 이동하면 돼!

💡 ☐ 안에 알맞은 수를 써넣으세요.

① $210 \div 2 = 105$

↓ $\frac{1}{10}$배   ↓ $\frac{1}{10}$배

☐ $\div 2 =$ ☐

② $80 \div 5 = 16$

↓ $\frac{1}{10}$배   ↓ $\frac{1}{10}$배

☐ $\div 5 =$ ☐

③ $390 \div 2 = 195$

↓ $\frac{1}{10}$배   ↓ $\frac{1}{10}$배

☐ $\div 2 =$ ☐

④ $310 \div 2 = 155$

↓ $\frac{1}{10}$배   ↓ $\frac{1}{10}$배

☐ $\div 2 =$ ☐

⑤ $310 \div 5 = 62$

↓ $\frac{1}{10}$배   ↓ $\frac{1}{10}$배

☐ $\div 5 =$ ☐

⑥ $70 \div 2 = 35$

↓ $\frac{1}{10}$배   ↓ $\frac{1}{10}$배

☐ $\div 2 =$ ☐

⑦ $120 \div 5 = 24$

↓ $\frac{1}{10}$배   ↓ $\frac{1}{10}$배

☐ $\div 5 =$ ☐

⑧ $440 \div 5 = 88$

↓ $\frac{1}{10}$배   ↓ $\frac{1}{10}$배

☐ $\div 5 =$ ☐

⊃ 정답 99쪽

◈ 나눗셈을 하세요.

9 36 ÷ 5

10 33 ÷ 5

11 25 ÷ 2

12 46 ÷ 5

13 3 ÷ 2

14 42 ÷ 5

15 6 ÷ 5

16 13 ÷ 2

17 28 ÷ 5

18 11 ÷ 5

19 17 ÷ 2

20 39 ÷ 5

21 17 ÷ 5

22 49 ÷ 2

23 22 ÷ 5

24 45 ÷ 2

25 26 ÷ 5

26 48 ÷ 5

27 38 ÷ 5

28 23 ÷ 2

29 19 ÷ 5

16 (자연수)÷(자연수)의 몫을 소수로 나타내기

○ 9÷2의 계산

```
      4 5            4.5
  2) 9 0         2) 9.0
     8               8
     1 0             1 0
     1 0             1 0
       0               0
```

➡ 계산이 끝나지 않으면 0을 하나 내려 계산합니다.

 원리 비법 나누어지는 수의 소수점을 **몫에도** 찍어줘야 해!

💡 나눗셈을 하세요.

①
```
5) 2 9
```

②
```
5) 1 1
```

③
```
2) 1 9
```

④
```
2) 1 3
```

⑤
```
5) 1 6
```

⑥
```
5) 3 3
```

⑦
```
5) 6
```

⑧
```
2) 5
```

⑨
```
2) 1 1
```

◆ 나눗셈을 하세요.

⑩
$5 \overline{) 41}$

⑮
$2 \overline{) 33}$

⑳
$2 \overline{) 35}$

⑪
$5 \overline{) 7}$

⑯
$5 \overline{) 44}$

㉑
$2 \overline{) 9}$

⑫
$2 \overline{) 43}$

⑰
$5 \overline{) 38}$

㉒
$5 \overline{) 47}$

⑬
$2 \overline{) 25}$

⑱
$5 \overline{) 13}$

㉓
$5 \overline{) 21}$

⑭
$2 \overline{) 17}$

⑲
$5 \overline{) 18}$

㉔
$5 \overline{) 36}$

01 비 구하기

비를 여러 가지 방법으로 읽기

♣ ♣ ♣ ♣ ♦ ♦

♣의 수와 ♦의 수의 개수의 비 ➡ 쓰기 4:2

읽기 4대 2

4와 2의 비

2에 대한 4의 비

4의 2에 대한 비

두 수를 나눗셈으로 비교하기 위해 기호 :을 사용하여 나타낸 것을 비라고 합니다.

원리 비법 ♣와 ♦의 비 ➡ ♣ : ♦

안에 알맞은 수를 써넣으세요.

1 4:3 ➡
- ☐ 대 ☐
- ☐ 와 ☐ 의 비
- ☐ 에 대한 ☐ 의 비
- ☐ 의 ☐ 에 대한 비

4 1:5 ➡
- ☐ 대 ☐
- ☐ 과 ☐ 의 비
- ☐ 에 대한 ☐ 의 비
- ☐ 의 ☐ 에 대한 비

2 3:5 ➡
- ☐ 대 ☐
- ☐ 과 ☐ 의 비
- ☐ 에 대한 ☐ 의 비
- ☐ 의 ☐ 에 대한 비

5 6:4 ➡
- ☐ 대 ☐
- ☐ 과 ☐ 의 비
- ☐ 에 대한 ☐ 의 비
- ☐ 의 ☐ 에 대한 비

3 2:8 ➡
- ☐ 대 ☐
- ☐ 와 ☐ 의 비
- ☐ 에 대한 ☐ 의 비
- ☐ 의 ☐ 에 대한 비

6 5:8 ➡
- ☐ 대 ☐
- ☐ 와 ☐ 의 비
- ☐ 에 대한 ☐ 의 비
- ☐ 의 ☐ 에 대한 비

💡 ☐ 안에 알맞은 수를 써넣으세요.

7 3:4 ➡
- ☐ 대 ☐
- ☐ 과 ☐ 의 비
- ☐ 에 대한 ☐ 의 비
- ☐ 의 ☐ 에 대한 비

8 1:8 ➡
- ☐ 대 ☐
- ☐ 과 ☐ 의 비
- ☐ 에 대한 ☐ 의 비
- ☐ 의 ☐ 에 대한 비

9 8:3 ➡
- ☐ 대 ☐
- ☐ 과 ☐ 의 비
- ☐ 에 대한 ☐ 의 비
- ☐ 의 ☐ 에 대한 비

10 5:6 ➡
- ☐ 대 ☐
- ☐ 와 ☐ 의 비
- ☐ 에 대한 ☐ 의 비
- ☐ 의 ☐ 에 대한 비

11 7:5 ➡
- ☐ 대 ☐
- ☐ 과 ☐ 의 비
- ☐ 에 대한 ☐ 의 비
- ☐ 의 ☐ 에 대한 비

12 4:8 ➡
- ☐ 대 ☐
- ☐ 와 ☐ 의 비
- ☐ 에 대한 ☐ 의 비
- ☐ 의 ☐ 에 대한 비

13 2:3 ➡
- ☐ 대 ☐
- ☐ 와 ☐ 의 비
- ☐ 에 대한 ☐ 의 비
- ☐ 의 ☐ 에 대한 비

14 9:2 ➡
- ☐ 대 ☐
- ☐ 와 ☐ 의 비
- ☐ 에 대한 ☐ 의 비
- ☐ 의 ☐ 에 대한 비

02 비 구하기

○ 서로 다른 비

♣의 수와 ♦의 수의 개수의 비 ➡ 4:2

♦의 수와 ♣의 수의 개수의 비 ➡ 2:4

원리 비법 ♣ : ♦와 ♦ : ♣는 **다른 것**이야!

💡 그림을 보고 ☐ 안에 알맞은 수를 써넣으세요.

1 ♣ ♣ ♣ ♦ ♦ ♦ ♦ ♦ ♦

♣의 수와 ♦의 수의 개수의 비 ➡ ☐ : ☐

♦의 수와 ♣의 수의 개수의 비 ➡ ☐ : ☐

2 ♣ ♣ ♣ ♣ ♣ ♣ ♣ ♣ ♣ ♦ ♦ ♦

♣의 수와 ♦의 수의 개수의 비 ➡ ☐ : ☐

♦의 수와 ♣의 수의 개수의 비 ➡ ☐ : ☐

3 ♣ ♣ ♣ ♣ ♣ ♣ ♣ ♦

♣의 수와 ♦의 수의 개수의 비 ➡ ☐ : ☐

♦의 수와 ♣의 수의 개수의 비 ➡ ☐ : ☐

4 ♣ ♣ ♣ ♣ ♦ ♦ ♦ ♦ ♦ ♦

♣의 수와 ♦의 수의 개수의 비 ➡ ☐ : ☐

♦의 수와 ♣의 수의 개수의 비 ➡ ☐ : ☐

5 ♣ ♣ ♣ ♣ ♣ ♦ ♦

♣의 수와 ♦의 수의 개수의 비 ➡ ☐ : ☐

♦의 수와 ♣의 수의 개수의 비 ➡ ☐ : ☐

6 ♣ ♦ ♦ ♦ ♦ ♦ ♦ ♦ ♦ ♦

♣의 수와 ♦의 수의 개수의 비 ➡ ☐ : ☐

♦의 수와 ♣의 수의 개수의 비 ➡ ☐ : ☐

7 ♣ ♣ ♣ ♣ ♣ ♣ ♣ ♣ ♦ ♦ ♦ ♦

♣의 수와 ♦의 수의 개수의 비 ➡ ☐ : ☐

♦의 수와 ♣의 수의 개수의 비 ➡ ☐ : ☐

➲ 정답 100쪽

공부한 날짜	맞힌 개수	걸린 시간
월 일	/23	분

◆ □ 안에 알맞은 수를 써넣으세요.

8 8에 대한 6의 비 ➡ □:□

9 3에 대한 1의 비 ➡ □:□

10 5에 대한 4의 비 ➡ □:□

11 6에 대한 3의 비 ➡ □:□

12 5에 대한 7의 비 ➡ □:□

13 3에 대한 9의 비 ➡ □:□

14 7에 대한 1의 비 ➡ □:□

15 2에 대한 9의 비 ➡ □:□

16 1에 대한 3의 비 ➡ □:□

17 2에 대한 7의 비 ➡ □:□

18 9에 대한 8의 비 ➡ □:□

19 4에 대한 7의 비 ➡ □:□

20 2에 대한 4의 비 ➡ □:□

21 1에 대한 6의 비 ➡ □:□

22 4에 대한 2의 비 ➡ □:□

23 6에 대한 8의 비 ➡ □:□

03 비율 구하기

○ **기준량과 비교하는 양**

4 : 9

비교하는 양 ←┘ └→ 기준량

> 기준량에 대한 비교하는 양의 크기를 비율이라고 합니다.

 원리비법 기호 :의 오른쪽이 **기준량**, 왼쪽이 **비교하는 양**이야!

💡 ☐ 안에 알맞은 수를 써넣으세요.

❶ 3 : 5
- 기준량: ☐
- 비교하는 양: ☐

❺ 6 : 4
- 기준량: ☐
- 비교하는 양: ☐

❾ 9 : 8
- 기준량: ☐
- 비교하는 양: ☐

❷ 8 : 6
- 기준량: ☐
- 비교하는 양: ☐

❻ 4 : 2
- 기준량: ☐
- 비교하는 양: ☐

❿ 1 : 7
- 기준량: ☐
- 비교하는 양: ☐

❸ 2 : 1
- 기준량: ☐
- 비교하는 양: ☐

❼ 4 : 6
- 기준량: ☐
- 비교하는 양: ☐

⓫ 5 : 6
- 기준량: ☐
- 비교하는 양: ☐

❹ 2 : 5
- 기준량: ☐
- 비교하는 양: ☐

❽ 3 : 7
- 기준량: ☐
- 비교하는 양: ☐

⓬ 7 : 3
- 기준량: ☐
- 비교하는 양: ☐

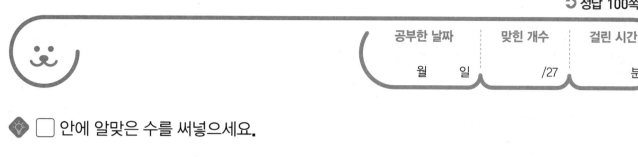

💡 ☐ 안에 알맞은 수를 써넣으세요.

13 8 : 2
• 기준량: ☐
• 비교하는 양: ☐

14 6 : 2
• 기준량: ☐
• 비교하는 양: ☐

15 4 : 8
• 기준량: ☐
• 비교하는 양: ☐

16 1 : 4
• 기준량: ☐
• 비교하는 양: ☐

17 6 : 5
• 기준량: ☐
• 비교하는 양: ☐

18 2 : 9
• 기준량: ☐
• 비교하는 양: ☐

19 8 : 5
• 기준량: ☐
• 비교하는 양: ☐

20 5 : 8
• 기준량: ☐
• 비교하는 양: ☐

21 1 : 2
• 기준량: ☐
• 비교하는 양: ☐

22 9 : 6
• 기준량: ☐
• 비교하는 양: ☐

23 9 : 2
• 기준량: ☐
• 비교하는 양: ☐

24 7 : 1
• 기준량: ☐
• 비교하는 양: ☐

25 7 : 4
• 기준량: ☐
• 비교하는 양: ☐

26 5 : 4
• 기준량: ☐
• 비교하는 양: ☐

27 3 : 1
• 기준량: ☐
• 비교하는 양: ☐

04 비율 구하기

B

비율을 분수 또는 소수로 나타내기

비 3:10을 비율로 나타내면 3 ÷ 10 = $\frac{3}{10}$ 또는 **0.3**입니다.

$$(비율) = (비교하는 양) ÷ (기준량) = \frac{(비교하는 양)}{(기준량)}$$

 비교하는 양을 **분자**, 기준량을 **분모**로 옮기면 돼!

○ ☐ 안에 알맞은 수를 써넣으세요.

1 　3 : 5

분수: $\frac{\Box}{\Box}$, 소수: ☐

2 　2 : 10

분수: $\frac{\Box}{\Box}$, 소수: ☐

3 　15 : 20

분수: $\frac{\Box}{\Box}$, 소수: ☐

4 　8 : 10

분수: $\frac{\Box}{\Box}$, 소수: ☐

5 　4 : 10

분수: $\frac{\Box}{\Box}$, 소수: ☐

6 　6 : 10

분수: $\frac{\Box}{\Box}$, 소수: ☐

7 　9 : 20

분수: $\frac{\Box}{\Box}$, 소수: ☐

8 　5 : 10

분수: $\frac{\Box}{\Box}$, 소수: ☐

9 　7 : 10

분수: $\frac{\Box}{\Box}$, 소수: ☐

10 　10 : 50

분수: $\frac{\Box}{\Box}$, 소수: ☐

11 　3 : 10

분수: $\frac{\Box}{\Box}$, 소수: ☐

12 　11 : 20

분수: $\frac{\Box}{\Box}$, 소수: ☐

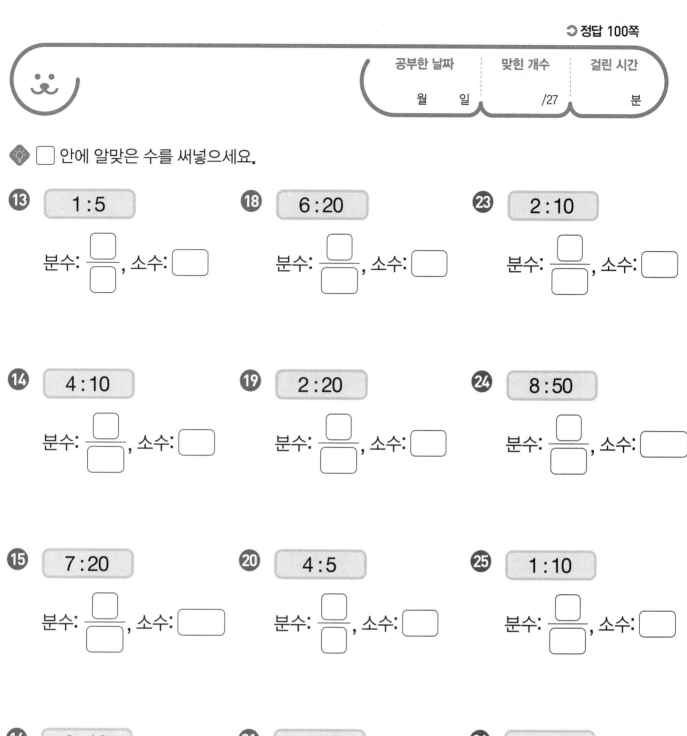

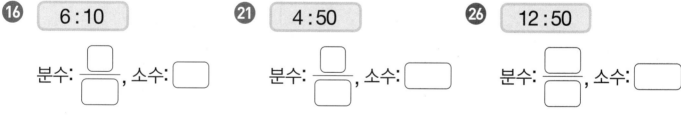

◆ ☐ 안에 알맞은 수를 써넣으세요.

⑬ 1 : 5

분수: □/□ , 소수: □

⑭ 4 : 10

분수: □/□ , 소수: □

⑮ 7 : 20

분수: □/□ , 소수: □

⑯ 6 : 10

분수: □/□ , 소수: □

⑰ 3 : 5

분수: □/□ , 소수: □

⑱ 6 : 20

분수: □/□ , 소수: □

⑲ 2 : 20

분수: □/□ , 소수: □

⑳ 4 : 5

분수: □/□ , 소수: □

㉑ 4 : 50

분수: □/□ , 소수: □

㉒ 17 : 50

분수: □/□ , 소수: □

㉓ 2 : 10

분수: □/□ , 소수: □

㉔ 8 : 50

분수: □/□ , 소수: □

㉕ 1 : 10

분수: □/□ , 소수: □

㉖ 12 : 50

분수: □/□ , 소수: □

㉗ 8 : 20

분수: □/□ , 소수: □

05 비율 구하기

○ 직사각형 가로에 대한 세로의 비율 구하기

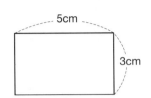

(가로에 대한 세로의 비) ➡ (세로) : (가로)=**3 : 5**

(가로에 대한 세로의 비율)

➡ 분수 : $\dfrac{3}{5}$ 소수 : **0.6**

원리 비법 비율은 **기준량에 대한 비교하는 양의 크기**야!

💡 가로에 대한 세로의 비율을 구하려고 합니다. ☐ 안에 알맞은 수를 써넣으세요.

❶
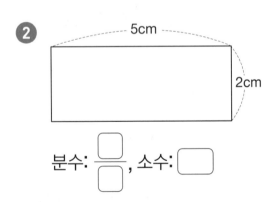
분수: $\dfrac{\boxed{}}{\boxed{}}$, 소수: $\boxed{}$

❹
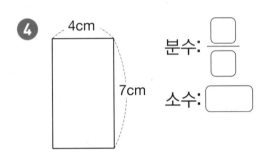
분수: $\dfrac{\boxed{}}{\boxed{}}$
소수: $\boxed{}$

❷
분수: $\dfrac{\boxed{}}{\boxed{}}$, 소수: $\boxed{}$

❺
분수: $\dfrac{\boxed{}}{\boxed{}}$
소수: $\boxed{}$

❸
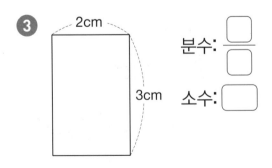
분수: $\dfrac{\boxed{}}{\boxed{}}$
소수: $\boxed{}$

❻
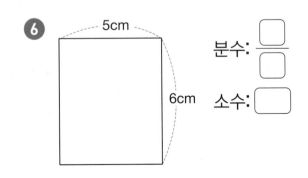
분수: $\dfrac{\boxed{}}{\boxed{}}$
소수: $\boxed{}$

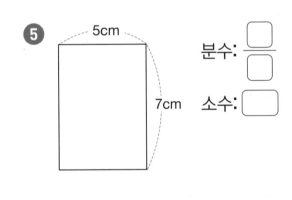

↻ 정답 101쪽

◆ 가로에 대한 세로의 비율을 구하려고 합니다. ☐ 안에 알맞은 수를 써넣으세요.

7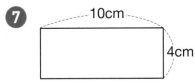

분수 : ☐/☐

소수 : ☐

11

분수 : ☐/☐

소수 : ☐

8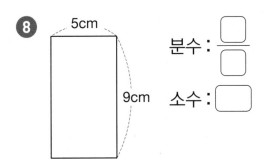

분수 : ☐/☐

소수 : ☐

12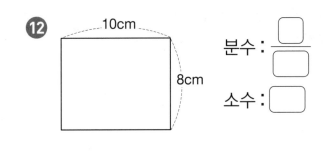

분수 : ☐/☐

소수 : ☐

9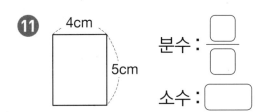

분수 : ☐/☐

소수 : ☐

13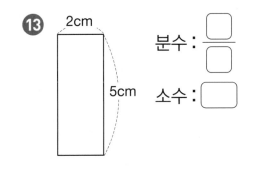

분수 : ☐/☐

소수 : ☐

10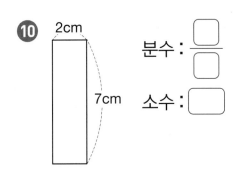

분수 : ☐/☐

소수 : ☐

14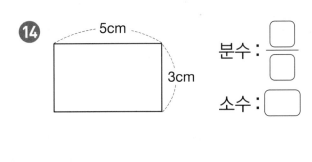

분수 : ☐/☐

소수 : ☐

3. 비와 비율

06 비율을 백분율로 나타내기

○ **3 : 4를 백분율로 나타내기**

$$3 : 4 \Rightarrow \frac{3}{4} = \frac{3 \times 25}{4 \times 25} = \frac{75}{100} \Rightarrow 75\%$$

비율 $\frac{75}{100}$를 **75%**라 쓰고 **75 퍼센트**라고 읽습니다.

> 기준량을 100으로 할 때의 비율을 백분율이라고 합니다.
> 백분율은 기호 **%**를 사용하여 나타냅니다.

(원리 비법) **기준량이 100인 비율로 나타낸 후 백분율로 나타내!**

◇ ☐ 안에 알맞은 수를 써넣으세요.

1 $\frac{1}{5}$ ⇒ ☐ %

2 $\frac{2}{4}$ ⇒ ☐ %

3 $\frac{2}{5}$ ⇒ ☐ %

4 $\frac{9}{10}$ ⇒ ☐ %

5 $\frac{1}{4}$ ⇒ ☐ %

6 $\frac{6}{10}$ ⇒ ☐ %

7 $\frac{3}{4}$ ⇒ ☐ %

8 $\frac{3}{5}$ ⇒ ☐ %

9 $\frac{1}{2}$ ⇒ ☐ %

10 $\frac{4}{5}$ ⇒ ☐ %

11 $\frac{5}{10}$ ⇒ ☐ %

12 $\frac{7}{10}$ ⇒ ☐ %

13 $\frac{3}{10}$ ⇒ ☐ %

14 $\frac{8}{10}$ ⇒ ☐ %

15 $\frac{2}{10}$ ⇒ ☐ %

공부한 날짜	맞힌 개수	걸린 시간
월 일	/25	분

💡 비율을 백분율로 나타내는 과정입니다. ☐ 안에 알맞은 수를 써넣으세요.

⑯ 1 : 4 ➡ $\dfrac{1}{4} = \dfrac{1 \times \boxed{}}{4 \times \boxed{}} = \dfrac{\boxed{}}{100}$

➡ $\boxed{}$ %

㉑ 3 : 5 ➡ $\dfrac{3}{5} = \dfrac{3 \times \boxed{}}{5 \times \boxed{}} = \dfrac{\boxed{}}{100}$

➡ $\boxed{}$ %

⑰ 2 : 5 ➡ $\dfrac{2}{5} = \dfrac{2 \times \boxed{}}{5 \times \boxed{}} = \dfrac{\boxed{}}{100}$

➡ $\boxed{}$ %

㉒ 2 : 10 ➡ $\dfrac{2}{10} = \dfrac{2 \times \boxed{}}{10 \times \boxed{}} = \dfrac{\boxed{}}{100}$

➡ $\boxed{}$ %

⑱ 4 : 10 ➡ $\dfrac{4}{10} = \dfrac{4 \times \boxed{}}{10 \times \boxed{}} = \dfrac{\boxed{}}{100}$

➡ $\boxed{}$ %

㉓ 3 : 10 ➡ $\dfrac{3}{10} = \dfrac{3 \times \boxed{}}{10 \times \boxed{}} = \dfrac{\boxed{}}{100}$

➡ $\boxed{}$ %

⑲ 3 : 4 ➡ $\dfrac{3}{4} = \dfrac{3 \times \boxed{}}{4 \times \boxed{}} = \dfrac{\boxed{}}{100}$

➡ $\boxed{}$ %

㉔ 6 : 10 ➡ $\dfrac{6}{10} = \dfrac{6 \times \boxed{}}{10 \times \boxed{}} = \dfrac{\boxed{}}{100}$

➡ $\boxed{}$ %

⑳ 1 : 10 ➡ $\dfrac{1}{10} = \dfrac{1 \times \boxed{}}{10 \times \boxed{}} = \dfrac{\boxed{}}{100}$

➡ $\boxed{}$ %

㉕ 8 : 10 ➡ $\dfrac{8}{10} = \dfrac{8 \times \boxed{}}{10 \times \boxed{}} = \dfrac{\boxed{}}{100}$

➡ $\boxed{}$ %

07 비율을 백분율로 나타내기

 B

○ $\frac{3}{4}$ 을 백분율로 나타내기

$$\frac{3}{4} \times 100 = 75(\%)$$

➡ 비율에 100을 곱해서 나온 값에 기호 %를 붙입니다.

 %는 백분율의 단위가 아니고 백분율을 나타내는 **기호**야!

◈ 비율을 백분율로 나타내는 과정입니다. ☐ 안에 알맞은 수를 써넣으세요.

❶ $\frac{1}{5}$ ➡ $\frac{1}{5} \times \boxed{} = \boxed{}$ (%)

❻ $\frac{4}{5}$ ➡ $\frac{4}{5} \times \boxed{} = \boxed{}$ (%)

❷ $\frac{2}{10}$ ➡ $\frac{2}{10} \times \boxed{} = \boxed{}$ (%)

❼ $\frac{2}{5}$ ➡ $\frac{2}{5} \times \boxed{} = \boxed{}$ (%)

❸ $\frac{2}{4}$ ➡ $\frac{2}{4} \times \boxed{} = \boxed{}$ (%)

❽ $\frac{4}{10}$ ➡ $\frac{4}{10} \times \boxed{} = \boxed{}$ (%)

❹ $\frac{3}{5}$ ➡ $\frac{3}{5} \times \boxed{} = \boxed{}$ (%)

❾ $\frac{6}{10}$ ➡ $\frac{6}{10} \times \boxed{} = \boxed{}$ (%)

❺ $\frac{1}{2}$ ➡ $\frac{1}{2} \times \boxed{} = \boxed{}$ (%)

❿ $\frac{7}{10}$ ➡ $\frac{7}{10} \times \boxed{} = \boxed{}$ (%)

공부한 날짜	맞힌 개수	걸린 시간
월 일	/24	분

◆ 비율을 백분율로 나타내는 과정입니다. ☐ 안에 알맞은 수를 써넣으세요.

⑪ $\dfrac{3}{10}$ ➡ $\dfrac{3}{10} \times \boxed{} = \boxed{}$ (%)

⑱ $\dfrac{1}{4}$ ➡ $\dfrac{1}{4} \times \boxed{} = \boxed{}$ (%)

⑫ $\dfrac{9}{10}$ ➡ $\dfrac{9}{10} \times \boxed{} = \boxed{}$ (%)

⑲ $\dfrac{2}{5}$ ➡ $\dfrac{2}{5} \times \boxed{} = \boxed{}$ (%)

⑬ $\dfrac{2}{4}$ ➡ $\dfrac{2}{4} \times \boxed{} = \boxed{}$ (%)

⑳ $\dfrac{1}{5}$ ➡ $\dfrac{1}{5} \times \boxed{} = \boxed{}$ (%)

⑭ $\dfrac{1}{10}$ ➡ $\dfrac{1}{10} \times \boxed{} = \boxed{}$ (%)

㉑ $\dfrac{3}{5}$ ➡ $\dfrac{3}{5} \times \boxed{} = \boxed{}$ (%)

⑮ $\dfrac{1}{2}$ ➡ $\dfrac{1}{2} \times \boxed{} = \boxed{}$ (%)

㉒ $\dfrac{3}{4}$ ➡ $\dfrac{3}{4} \times \boxed{} = \boxed{}$ (%)

⑯ $\dfrac{2}{10}$ ➡ $\dfrac{2}{10} \times \boxed{} = \boxed{}$ (%)

㉓ $\dfrac{5}{10}$ ➡ $\dfrac{5}{10} \times \boxed{} = \boxed{}$ (%)

⑰ $\dfrac{8}{10}$ ➡ $\dfrac{8}{10} \times \boxed{} = \boxed{}$ (%)

㉔ $\dfrac{4}{5}$ ➡ $\dfrac{4}{5} \times \boxed{} = \boxed{}$ (%)

08 백분율을 비로 나타내기

● **13%를 비로 나타내기**

$$13\% \Rightarrow \frac{13}{100} \Rightarrow 13:100$$

⇒ 백분율을 100으로 나눈 값을 비로 나타냅니다.

 백분율은 **비율에 100**을 곱한 값이야!

🔆 백분율을 비로 나타내는 과정입니다. ☐ 안에 알맞은 수를 써넣으세요.

① 30% ⇒ $\frac{\boxed{}}{100}$ ⇒ ☐ : 100

⑥ 18% ⇒ $\frac{\boxed{}}{100}$ ⇒ ☐ : 100

② 4% ⇒ $\frac{\boxed{}}{100}$ ⇒ ☐ : 100

⑦ 41% ⇒ $\frac{\boxed{}}{100}$ ⇒ ☐ : 100

③ 74% ⇒ $\frac{\boxed{}}{100}$ ⇒ ☐ : 100

⑧ 55% ⇒ $\frac{\boxed{}}{100}$ ⇒ ☐ : 100

④ 81% ⇒ $\frac{\boxed{}}{100}$ ⇒ ☐ : 100

⑨ 63% ⇒ $\frac{\boxed{}}{100}$ ⇒ ☐ : 100

⑤ 28% ⇒ $\frac{\boxed{}}{100}$ ⇒ ☐ : 100

⑩ 90% ⇒ $\frac{\boxed{}}{100}$ ⇒ ☐ : 100

↪ 정답 101쪽

◆ 백분율을 비로 나타내는 과정입니다. ☐ 안에 알맞은 수를 써넣으세요.

⑪ 12% ➡ $\dfrac{\boxed{}}{100}$ ➡ $\boxed{}$: 100

⑰ 69% ➡ $\dfrac{\boxed{}}{100}$ ➡ $\boxed{}$: 100

⑫ 22% ➡ $\dfrac{\boxed{}}{100}$ ➡ $\boxed{}$: 100

⑱ 9% ➡ $\dfrac{\boxed{}}{100}$ ➡ $\boxed{}$: 100

⑬ 45% ➡ $\dfrac{\boxed{}}{100}$ ➡ $\boxed{}$: 100

⑲ 84% ➡ $\dfrac{\boxed{}}{100}$ ➡ $\boxed{}$: 100

⑭ 98% ➡ $\dfrac{\boxed{}}{100}$ ➡ $\boxed{}$: 100

⑳ 62% ➡ $\dfrac{\boxed{}}{100}$ ➡ $\boxed{}$: 100

⑮ 35% ➡ $\dfrac{\boxed{}}{100}$ ➡ $\boxed{}$: 100

㉑ 88% ➡ $\dfrac{\boxed{}}{100}$ ➡ $\boxed{}$: 100

⑯ 52% ➡ $\dfrac{\boxed{}}{100}$ ➡ $\boxed{}$: 100

㉒ 77% ➡ $\dfrac{\boxed{}}{100}$ ➡ $\boxed{}$: 100

09 백분율을 비로 나타내기 B

○ **25%를 비로 나타내기**

$$25\% \Rightarrow \frac{25}{100} = \frac{1}{4} \Rightarrow 1:4$$

⟹ 백분율을 100으로 나눈 값을 기약분수로 고친 후 비로 나타냅니다.

 비율을 **기약분수**로 나타내!

 백분율을 비로 나타내는 과정입니다. ☐ 안에 알맞은 수를 써넣으세요.

① 80% ⟹ $\dfrac{\boxed{}}{100} = \dfrac{\boxed{}}{\boxed{}}$ ⟹ $\boxed{}:\boxed{}$

⑥ 50% ⟹ $\dfrac{\boxed{}}{100} = \dfrac{\boxed{}}{\boxed{}}$ ⟹ $\boxed{}:\boxed{}$

② 10% ⟹ $\dfrac{\boxed{}}{100} = \dfrac{\boxed{}}{\boxed{}}$ ⟹ $\boxed{}:\boxed{}$

⑦ 75% ⟹ $\dfrac{\boxed{}}{100} = \dfrac{\boxed{}}{\boxed{}}$ ⟹ $\boxed{}:\boxed{}$

③ 90% ⟹ $\dfrac{\boxed{}}{100} = \dfrac{\boxed{}}{\boxed{}}$ ⟹ $\boxed{}:\boxed{}$

⑧ 20% ⟹ $\dfrac{\boxed{}}{100} = \dfrac{\boxed{}}{\boxed{}}$ ⟹ $\boxed{}:\boxed{}$

④ 60% ⟹ $\dfrac{\boxed{}}{100} = \dfrac{\boxed{}}{\boxed{}}$ ⟹ $\boxed{}:\boxed{}$

⑨ 25% ⟹ $\dfrac{\boxed{}}{100} = \dfrac{\boxed{}}{\boxed{}}$ ⟹ $\boxed{}:\boxed{}$

⑤ 40% ⟹ $\dfrac{\boxed{}}{100} = \dfrac{\boxed{}}{\boxed{}}$ ⟹ $\boxed{}:\boxed{}$

⑩ 30% ⟹ $\dfrac{\boxed{}}{100} = \dfrac{\boxed{}}{\boxed{}}$ ⟹ $\boxed{}:\boxed{}$

↻ 정답 102쪽

공부한 날짜	맞힌 개수	걸린 시간
월 일	/22	분

◈ 백분율을 비로 나타내는 과정입니다. ☐ 안에 알맞은 수를 써넣으세요.

⑪ 12% ➡ $\dfrac{\boxed{}}{100} = \dfrac{\boxed{}}{\boxed{}}$ ➡ $\boxed{} : \boxed{}$

⑰ 84% ➡ $\dfrac{\boxed{}}{100} = \dfrac{\boxed{}}{\boxed{}}$ ➡ $\boxed{} : \boxed{}$

⑫ 36% ➡ $\dfrac{\boxed{}}{100} = \dfrac{\boxed{}}{\boxed{}}$ ➡ $\boxed{} : \boxed{}$

⑱ 48% ➡ $\dfrac{\boxed{}}{100} = \dfrac{\boxed{}}{\boxed{}}$ ➡ $\boxed{} : \boxed{}$

⑬ 70% ➡ $\dfrac{\boxed{}}{100} = \dfrac{\boxed{}}{\boxed{}}$ ➡ $\boxed{} : \boxed{}$

⑲ 62% ➡ $\dfrac{\boxed{}}{100} = \dfrac{\boxed{}}{\boxed{}}$ ➡ $\boxed{} : \boxed{}$

⑭ 14% ➡ $\dfrac{\boxed{}}{100} = \dfrac{\boxed{}}{\boxed{}}$ ➡ $\boxed{} : \boxed{}$

⑳ 8% ➡ $\dfrac{\boxed{}}{100} = \dfrac{\boxed{}}{\boxed{}}$ ➡ $\boxed{} : \boxed{}$

⑮ 35% ➡ $\dfrac{\boxed{}}{100} = \dfrac{\boxed{}}{\boxed{}}$ ➡ $\boxed{} : \boxed{}$

㉑ 24% ➡ $\dfrac{\boxed{}}{100} = \dfrac{\boxed{}}{\boxed{}}$ ➡ $\boxed{} : \boxed{}$

⑯ 15% ➡ $\dfrac{\boxed{}}{100} = \dfrac{\boxed{}}{\boxed{}}$ ➡ $\boxed{} : \boxed{}$

㉒ 8% ➡ $\dfrac{\boxed{}}{100} = \dfrac{\boxed{}}{\boxed{}}$ ➡ $\boxed{} : \boxed{}$

01 직육면체의 부피

○ 직육면체의 부피 구하기

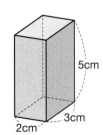

(직육면체의 부피)
$= 2 \times 3 \times 5$
$= 30(cm^3)$

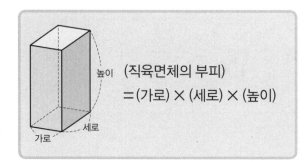

(직육면체의 부피)
$=$ (가로) $\times$ (세로) $\times$ (높이)

> **원리 비법** 각 모서리의 길이의 단위가 cm이면 부피의 단위는 **cm³**야!

💡 ☐ 안에 알맞은 수를 써넣으세요.

1

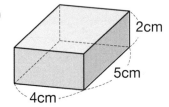

(직육면체의 부피)
$= \boxed{} \times \boxed{} \times \boxed{}$
$= \boxed{} (cm^3)$

3

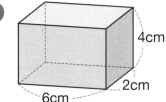

(직육면체의 부피)
$= \boxed{} \times \boxed{} \times \boxed{}$
$= \boxed{} (cm^3)$

2

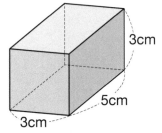

(직육면체의 부피)
$= \boxed{} \times \boxed{} \times \boxed{}$
$= \boxed{} (cm^3)$

4

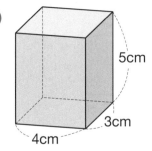

(직육면체의 부피)
$= \boxed{} \times \boxed{} \times \boxed{}$
$= \boxed{} (cm^3)$

◈ ◻ 안에 알맞은 수를 써넣으세요.

5

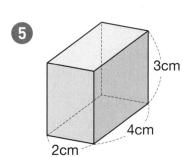

(직육면체의 부피)

= ◻ × ◻ × ◻

= ◻ (cm³)

6

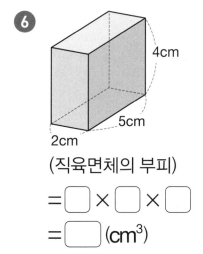

(직육면체의 부피)

= ◻ × ◻ × ◻

= ◻ (cm³)

7

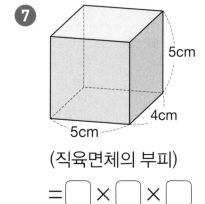

(직육면체의 부피)

= ◻ × ◻ × ◻

= ◻ (cm³)

8

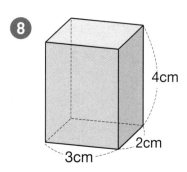

(직육면체의 부피)

= ◻ × ◻ × ◻

= ◻ (cm³)

9

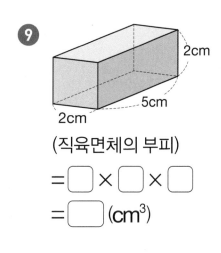

(직육면체의 부피)

= ◻ × ◻ × ◻

= ◻ (cm³)

10

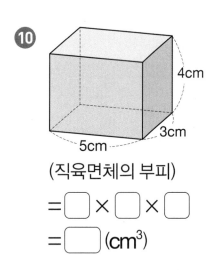

(직육면체의 부피)

= ◻ × ◻ × ◻

= ◻ (cm³)

02 정육면체의 부피

○ 정육면체의 부피 구하기

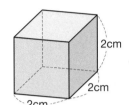

(정육면체의 부피)
$= 2 \times 2 \times 2$
$= 8 (cm^3)$

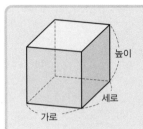

(정육면체의 부피)
= (한 모서리의 길이)
    × (한 모서리의 길이)
    × (한 모서리의 길이)

 정육면체의 부피는 한 모서리의 길이를 **세 번** 곱해!

◆ ☐ 안에 알맞은 수를 써넣으세요.

❶
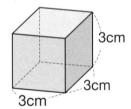

(정육면체의 부피)

$= \boxed{} \times \boxed{} \times \boxed{}$

$= \boxed{} (cm^3)$

❸
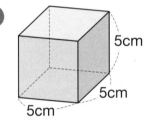

(정육면체의 부피)

$= \boxed{} \times \boxed{} \times \boxed{}$

$= \boxed{} (cm^3)$

❷
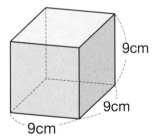

(정육면체의 부피)

$= \boxed{} \times \boxed{} \times \boxed{}$

$= \boxed{} (cm^3)$

❹
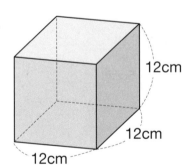

(정육면체의 부피)

$= \boxed{} \times \boxed{} \times \boxed{}$

$= \boxed{} (cm^3)$

⊃ 정답 103쪽

◈ ☐ 안에 알맞은 수를 써넣으세요.

5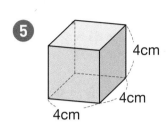

(정육면체의 부피)

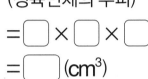

= ☐ × ☐ × ☐

= ☐ (cm³)

6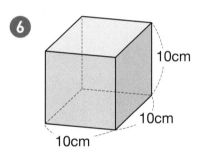

(정육면체의 부피)

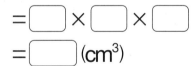

= ☐ × ☐ × ☐

= ☐ (cm³)

7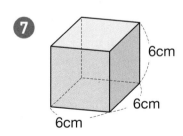

(정육면체의 부피)

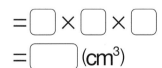

= ☐ × ☐ × ☐

= ☐ (cm³)

8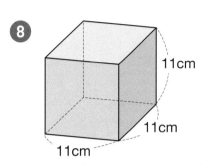

(정육면체의 부피)

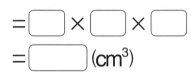

= ☐ × ☐ × ☐

= ☐ (cm³)

9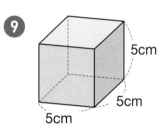

(정육면체의 부피)

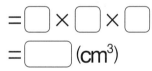

= ☐ × ☐ × ☐

= ☐ (cm³)

10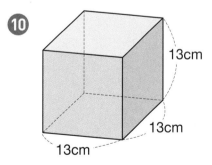

(정육면체의 부피)

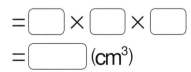

= ☐ × ☐ × ☐

= ☐ (cm³)

03 직육면체의 겉넓이

○ **직육면체의 겉넓이 구하기**

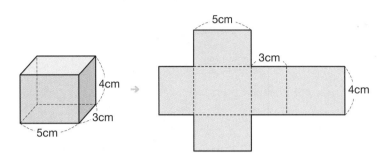

(직육면체의 겉넓이)
$= (5 \times 3 + 5 \times 4 + 3 \times 4) \times 2$
$= 94 \, (\text{cm}^2)$

➡ 세 쌍의 면이 합동인 성질을 이용하여 구합니다.

원리 비법 각 면마다 합동인 면이 **2개씩** 있어!

 ☐ 안에 알맞은 수를 써넣으세요.

①
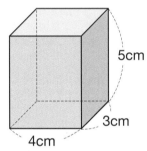

(직육면체의 겉넓이)
$= (4 \times 3 + 4 \times \boxed{} + 3 \times \boxed{}) \times \boxed{}$
$= \boxed{} \, (\text{cm}^2)$

③
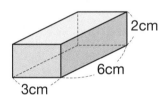

(직육면체의 겉넓이)
$= (3 \times 6 + 3 \times \boxed{} + 6 \times \boxed{}) \times \boxed{}$
$= \boxed{} \, (\text{cm}^2)$

②
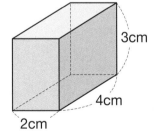

(직육면체의 겉넓이)
$= (2 \times 4 + 2 \times \boxed{} + 4 \times \boxed{}) \times \boxed{}$
$= \boxed{} \, (\text{cm}^2)$

④
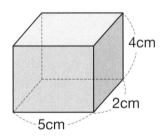

(직육면체의 겉넓이)
$= (5 \times 2 + 5 \times \boxed{} + 2 \times \boxed{}) \times \boxed{}$
$= \boxed{} \, (\text{cm}^2)$

◈ ☐ 안에 알맞은 수를 써넣으세요.

5

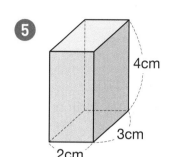

(직육면체의 겉넓이)

= (2×3+2× ☐ +3× ☐) × ☐

= ☐ (cm²)

6

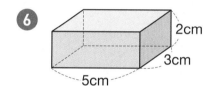

(직육면체의 겉넓이)

= (5×3+5× ☐ +3× ☐) × ☐

= ☐ (cm²)

7

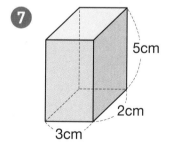

(직육면체의 겉넓이)

= (3×2+3× ☐ +2× ☐) × ☐

= ☐ (cm²)

8

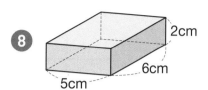

(직육면체의 겉넓이)

= (5×6+5× ☐ +6× ☐) × ☐

= ☐ (cm²)

9

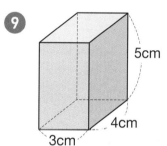

(직육면체의 겉넓이)

= (3×4+3× ☐ +4× ☐) × ☐

= ☐ (cm²)

10

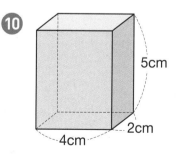

(직육면체의 겉넓이)

= (4×2+4× ☐ +2× ☐) × ☐

= ☐ (cm²)

04 정육면체의 겉넓이

○ **정육면체의 겉넓이 구하기**

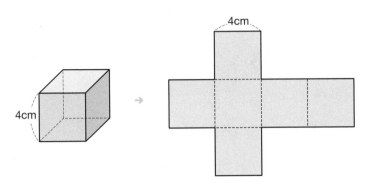

(정육면체의 겉넓이)

$= 4 \times 4 \times 6 = 96 (cm^2)$

➡ 한 면의 넓이를 6배 하여 구합니다.

 정육면체는 모든 면의 넓이가 **같아!**

 ☐ 안에 알맞은 수를 써넣으세요.

1

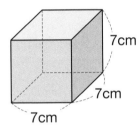

(정육면체의 겉넓이)

$= 7 \times \boxed{} \times \boxed{}$

$= \boxed{} (cm^2)$

3

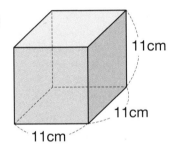

(정육면체의 겉넓이)

$= 11 \times \boxed{} \times \boxed{}$

$= \boxed{} (cm^2)$

2

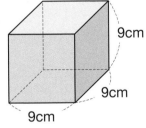

(정육면체의 겉넓이)

$= 9 \times \boxed{} \times \boxed{}$

$= \boxed{} (cm^2)$

4

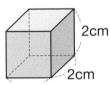

(정육면체의 겉넓이)

$= 2 \times \boxed{} \times \boxed{}$

$= \boxed{} (cm^2)$

⤴ 정답 103쪽

공부한 날짜	맞힌 개수	걸린 시간
월 일	/10	분

💡 ☐ 안에 알맞은 수를 써넣으세요.

5
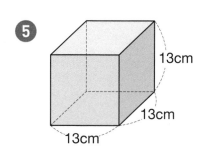
13cm
13cm
13cm
13cm

(정육면체의 겉넓이)

$=13 \times$ ☐ $\times$ ☐

$=$ ☐ (cm^2)

8
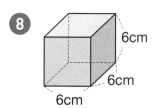
6cm
6cm
6cm

(정육면체의 겉넓이)

$=6 \times$ ☐ $\times$ ☐

$=$ ☐ (cm^2)

6
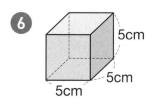
5cm
5cm
5cm

(정육면체의 겉넓이)

$=5 \times$ ☐ $\times$ ☐

$=$ ☐ (cm^2)

9
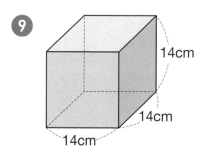
14cm
14cm
14cm

(정육면체의 겉넓이)

$=14 \times$ ☐ $\times$ ☐

$=$ ☐ (cm^2)

7
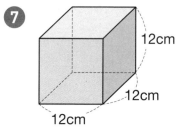
12cm
12cm
12cm

(정육면체의 겉넓이)

$=12 \times$ ☐ $\times$ ☐

$=$ ☐ (cm^2)

10
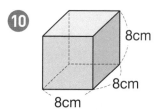
8cm
8cm
8cm

(정육면체의 겉넓이)

$=8 \times$ ☐ $\times$ ☐

$=$ ☐ (cm^2)

최우수상

참 잘했어요!

이름 _____

위 어린이는 쌍둥이 연산 노트 6학년 1학기 과정을
스스로 꾸준히 훌륭하게 마쳤습니다.

이에 칭찬하여 이 상장을 드립니다.

년   월   일

정답

초등 11단계 6·1

예습책

1. 분수의 나눗셈

01 (자연수)÷(자연수)의 몫을 분수로 나타내기 A

6쪽

❶ $\frac{1}{2}$ ❹ $\frac{1}{9}$ ❼ $\frac{1}{3}$

❷ $\frac{1}{10}$ ❺ $\frac{1}{5}$ ❽ $\frac{1}{7}$

❸ $\frac{1}{4}$ ❻ $\frac{1}{6}$ ❾ $\frac{1}{8}$

7쪽

❿ $\frac{1}{5}$ ⓮ $\frac{1}{4}$ ⓲ $\frac{1}{3}$

⓫ $\frac{1}{8}$ ⓯ $\frac{1}{2}$ ⓳ $\frac{1}{9}$

⓬ $\frac{1}{7}$ ⓰ $\frac{1}{10}$ ⓴ $\frac{1}{6}$

⓭ $\frac{1}{4}$ ⓱ $\frac{1}{6}$ ㉑ $\frac{1}{4}$

02 (자연수)÷(자연수)의 몫을 분수로 나타내기 B

8쪽

❶ $\frac{2}{3}$ ❹ $\frac{2}{9}$

❷ $\frac{3}{7}$ ❺ $\frac{5}{8}$

❸ $\frac{4}{5}$ ❻ $\frac{3}{5}$

9쪽

❼ $\frac{8}{15}$ ⓮ $\frac{3}{17}$ ㉑ $\frac{6}{19}$

❽ $\frac{4}{11}$ ⓯ $\frac{7}{15}$ ㉒ $\frac{2}{5}$

❾ $\frac{9}{14}$ ⓰ $\frac{3}{13}$ ㉓ $\frac{7}{11}$

❿ $\frac{5}{12}$ ⓱ $\frac{8}{17}$ ㉔ $\frac{9}{11}$

⓫ $\frac{7}{9}$ ⓲ $\frac{6}{13}$ ㉕ $\frac{3}{10}$

⓬ $\frac{2}{17}$ ⓳ $\frac{5}{13}$ ㉖ $\frac{5}{14}$

⓭ $\frac{7}{12}$ ⓴ $\frac{4}{19}$ ㉗ $\frac{9}{17}$

03 (자연수)÷(자연수)의 몫을 분수로 나타내기 C

10쪽

❶ $\frac{5}{2}$, $2\frac{1}{2}$ ❸ $\frac{5}{4}$, $1\frac{1}{4}$

❷ $\frac{6}{5}$, $1\frac{1}{5}$ ❹ $\frac{7}{6}$, $1\frac{1}{6}$

11쪽

❺ $\frac{11}{2}$, $5\frac{1}{2}$ ⓬ $\frac{11}{5}$, $2\frac{1}{5}$

❻ $\frac{13}{9}$, $1\frac{4}{9}$ ⓭ $\frac{11}{6}$, $1\frac{5}{6}$

❼ $\frac{15}{4}$, $3\frac{3}{4}$ ⓮ $\frac{18}{7}$, $2\frac{4}{7}$

❽ $\frac{13}{7}$, $1\frac{6}{7}$ ⓯ $\frac{13}{2}$, $6\frac{1}{2}$

❾ $\frac{18}{5}$, $3\frac{3}{5}$ ⓰ $\frac{13}{6}$, $2\frac{1}{6}$

❿ $\frac{10}{7}$, $1\frac{3}{7}$ ⓱ $\frac{14}{3}$, $4\frac{2}{3}$

⓫ $\frac{7}{2}$, $3\frac{1}{2}$ ⓲ $\frac{17}{6}$, $2\frac{5}{6}$

12쪽 04 (분수)÷(자연수)의 계산 방법① A

❶ 4, 2, 2 ❻ 16, 8, 2

❷ 12, 3, 4 ❼ 8, 4, 2

❸ 10, 2, 5 ❽ 4, 2, 2

❹ 8, 2, 4 ❾ 14, 2, 7

❺ 12, 2, 6 ❿ 12, 6, 2

13쪽

⓫ $\frac{3}{17}$ ⓲ $\frac{2}{19}$ ㉕ $\frac{9}{23}$

⓬ $\frac{2}{17}$ ⓳ $\frac{4}{17}$ ㉖ $\frac{2}{13}$

⓭ $\frac{6}{25}$ ⓴ $\frac{3}{17}$ ㉗ $\frac{1}{7}$

⓮ $\frac{8}{19}$ ㉑ $\frac{1}{21}$ ㉘ $\frac{2}{17}$

⓯ $\frac{2}{5}$ ㉒ $\frac{2}{23}$ ㉙ $\frac{5}{13}$

⓰ $\frac{4}{19}$ ㉓ $\frac{4}{19}$ ㉚ $\frac{2}{25}$

⓱ $\frac{3}{17}$ ㉔ $\frac{2}{17}$ ㉛ $\frac{3}{7}$

① 5, 5, $\frac{30}{35}$, 30, 35, $\frac{6}{35}$ ⑤ 4, 4, $\frac{20}{28}$, 20, 28, $\frac{5}{28}$

② 2, 2, $\frac{6}{14}$, 6, 14, $\frac{3}{14}$ ⑥ 2, 2, $\frac{14}{18}$, 14, 18, $\frac{7}{18}$

③ 3, 3, $\frac{21}{24}$, 21, 24, $\frac{7}{24}$ ⑦ 2, 2, $\frac{10}{12}$, 10, 12, $\frac{5}{12}$

④ 3, 3, $\frac{12}{27}$, 12, 27, $\frac{4}{27}$ ⑧ 6, 6, $\frac{42}{28}$, 42, 48, $\frac{7}{48}$

⑨ $\frac{7}{16}$ ⑯ $\frac{5}{18}$ ㉓ $\frac{7}{32}$

⑩ $\frac{9}{70}$ ⑰ $\frac{3}{8}$ ㉔ $\frac{3}{16}$

⑪ $\frac{7}{60}$ ⑱ $\frac{3}{20}$ ㉕ $\frac{5}{21}$

⑫ $\frac{7}{36}$ ⑲ $\frac{7}{20}$ ㉖ $\frac{8}{27}$

⑬ $\frac{4}{15}$ ⑳ $\frac{5}{24}$ ㉗ $\frac{7}{40}$

⑭ $\frac{4}{21}$ ㉑ $\frac{8}{63}$ ㉘ $\frac{5}{16}$

⑮ $\frac{5}{36}$ ㉒ $\frac{7}{45}$ ㉙ $\frac{9}{20}$

① $\frac{1}{3}$, $\frac{8}{27}$ ⑥ $\frac{1}{4}$, $\frac{5}{24}$

② $\frac{1}{2}$, $\frac{3}{10}$ ⑦ $\frac{1}{4}$, $\frac{7}{32}$

③ $\frac{1}{2}$, $\frac{7}{18}$ ⑧ $\frac{1}{3}$, $\frac{4}{21}$

④ $\frac{1}{2}$, $\frac{5}{14}$ ⑨ $\frac{1}{6}$, $\frac{7}{48}$

⑤ $\frac{1}{3}$, $\frac{7}{30}$ ⑩ $\frac{1}{2}$, $\frac{3}{20}$

⑪ $\frac{4}{27}$ ⑱ $\frac{7}{60}$ ㉕ $\frac{5}{32}$

⑫ $\frac{5}{28}$ ⑲ $\frac{5}{24}$ ㉖ $\frac{9}{50}$

⑬ $\frac{9}{40}$ ⑳ $\frac{7}{36}$ ㉗ $\frac{5}{18}$

⑭ $\frac{5}{16}$ ㉑ $\frac{7}{45}$ ㉘ $\frac{9}{70}$

⑮ $\frac{3}{8}$ ㉒ $\frac{5}{12}$ ㉙ $\frac{3}{16}$

⑯ $\frac{7}{24}$ ㉓ $\frac{8}{45}$ ㉚ $\frac{7}{16}$

⑰ $\frac{5}{27}$ ㉔ $\frac{9}{20}$ ㉛ $\frac{7}{40}$

① 15, 1, 3, $\frac{1}{18}$ ⑤ 16, 1, 4, $\frac{1}{28}$

② 9, 1, 3, $\frac{1}{15}$ ⑥ 28, 1, 4, $\frac{1}{32}$

③ 24, 1, 3, $\frac{1}{27}$ ⑦ 18, 1, 3, $\frac{1}{21}$

④ 20, 1, 5, $\frac{1}{25}$ ⑧ 15, 1, 3, $\frac{1}{24}$

⑨ $\frac{1}{15}$ ⑯ $\frac{1}{18}$ ㉓ $\frac{1}{35}$

⑩ $\frac{1}{45}$ ⑰ $\frac{1}{48}$ ㉔ $\frac{1}{16}$

⑪ $\frac{1}{18}$ ⑱ $\frac{1}{20}$ ㉕ $\frac{1}{36}$

⑫ $\frac{1}{25}$ ⑲ $\frac{1}{36}$ ㉖ $\frac{1}{50}$

⑬ $\frac{1}{14}$ ⑳ $\frac{1}{14}$ ㉗ $\frac{1}{50}$

⑭ $\frac{1}{30}$ ㉑ $\frac{1}{50}$ ㉘ $\frac{1}{50}$

⑮ $\frac{1}{21}$ ㉒ $\frac{1}{42}$ ㉙ $\frac{1}{35}$

08 (가분수)÷(자연수) Ⓐ

❶ 5, 5, $\frac{35}{10}$, 35, 10, $\frac{7}{10}$

❷ 2, 2, $\frac{6}{4}$, 6, 4, $\frac{3}{4}$

❸ 6, 6, $\frac{42}{36}$, 42, 36, $\frac{7}{36}$

❹ 2, 2, $\frac{10}{8}$, 10, 8, $\frac{5}{8}$

❺ 3, 3, $\frac{15}{6}$, 15, 6, $\frac{5}{6}$

❻ 7, 7, $\frac{56}{21}$, 56, 21, $\frac{8}{21}$

❼ 5, 5, $\frac{35}{20}$, 35, 20, $\frac{7}{20}$

❽ 4, 4, $\frac{28}{8}$, 28, 8, $\frac{7}{8}$

21쪽

❾ $\frac{7}{10}$

❿ $\frac{8}{9}$

⓫ $\frac{7}{8}$

⓬ $\frac{7}{12}$

⓭ $\frac{7}{18}$

⓮ $\frac{9}{16}$

⓯ $\frac{5}{9}$

⓰ $\frac{9}{56}$

⓱ $\frac{9}{40}$

⓲ $\frac{9}{16}$

⓳ $\frac{4}{9}$

⓴ $\frac{5}{6}$

㉑ $\frac{9}{35}$

㉒ $\frac{7}{9}$

㉓ $\frac{7}{15}$

㉔ $\frac{7}{20}$

㉕ $\frac{8}{25}$

㉖ $\frac{9}{28}$

㉗ $\frac{9}{10}$

㉘ $1\frac{1}{4}$

㉙ $\frac{9}{28}$

22쪽 **09** (가분수)÷(자연수) Ⓑ

❶ $\frac{1}{4}$, $\frac{5}{8}$

❷ $\frac{1}{4}$, $\frac{7}{8}$

❸ $\frac{1}{5}$, $\frac{9}{10}$

❹ $\frac{1}{3}$, $\frac{8}{15}$

❺ $\frac{1}{6}$, $\frac{7}{18}$

❻ $\frac{1}{5}$, $\frac{8}{15}$

❼ $\frac{1}{3}$, $\frac{4}{9}$

❽ $\frac{1}{8}$, $\frac{9}{64}$

❾ $\frac{1}{2}$, $\frac{7}{10}$

❿ $\frac{1}{5}$, $\frac{8}{35}$

23쪽

⓫ $\frac{7}{10}$

⓬ $\frac{9}{16}$

⓭ $\frac{9}{20}$

⓮ $\frac{7}{30}$

⓯ $\frac{9}{28}$

⓰ $\frac{9}{40}$

⓱ $\frac{5}{9}$

⓲ $\frac{7}{12}$

⓳ $\frac{8}{21}$

⓴ $\frac{3}{4}$

㉑ $\frac{7}{20}$

㉒ $\frac{7}{30}$

㉓ $\frac{9}{56}$

㉔ $\frac{8}{25}$

㉕ $\frac{5}{8}$

㉖ $\frac{9}{40}$

㉗ $1\frac{1}{8}$

㉘ $\frac{9}{16}$

㉙ $1\frac{1}{4}$

㉚ $1\frac{1}{6}$

㉛ $\frac{9}{28}$

24쪽 **10** (가분수)÷(자연수) Ⓒ

❶ $\frac{5}{6}$, $\frac{5}{6}$, 3

❷ $\frac{8}{25}$, $\frac{8}{25}$, 5

❸ $\frac{6}{25}$, $\frac{6}{25}$, 5

❹ $\frac{3}{4}$, $\frac{3}{4}$, 2

❺ $\frac{7}{9}$, $\frac{7}{9}$, 3

❻ $\frac{9}{20}$, $\frac{9}{20}$, 4

25쪽

❼ $\frac{9}{16}$, $\frac{9}{16}$, 8

❽ $\frac{8}{15}$, $\frac{8}{15}$, 5

❾ $\frac{8}{35}$, $\frac{8}{35}$, 5

❿ $\frac{7}{18}$, $\frac{7}{18}$, 3

⓫ $\frac{5}{8}$, $\frac{5}{8}$, 2

⓬ $\frac{4}{9}$, $\frac{4}{9}$, 3

⓭ $\frac{7}{12}$, $\frac{7}{12}$, 3

⓮ $\frac{9}{32}$, $\frac{9}{32}$, 4

11 (대분수)÷(자연수) Ⓐ

❶ 5, 20, 20, 8, $\frac{5}{8}$　　❹ 8, 56, 56, 49, $\frac{8}{49}$

❷ 9, 18, 18, 10, $\frac{9}{10}$　　❺ 7, 28, 28, 8, $\frac{7}{8}$

❸ 6, 30, 30, 25, $\frac{6}{25}$　　❻ 8, 56, 56, 21, $\frac{8}{21}$

❼ $\frac{7}{15}$　　　⓮ $\frac{11}{36}$　　　㉑ $\frac{2}{5}$

❽ $\frac{3}{5}$　　　⓯ $\frac{13}{14}$　　　㉒ $\frac{1}{9}$

❾ $\frac{1}{5}$　　　⓰ $\frac{1}{8}$　　　㉓ $\frac{1}{7}$

❿ $\frac{10}{21}$　　　⓱ $\frac{17}{36}$　　　㉔ $\frac{11}{24}$

⓫ $\frac{5}{8}$　　　⓲ $\frac{2}{9}$　　　㉕ $\frac{9}{20}$

⓬ $\frac{13}{36}$　　　⓳ $\frac{3}{14}$　　　㉖ $\frac{4}{7}$

⓭ $\frac{13}{63}$　　　⓴ $\frac{1}{4}$　　　㉗ $\frac{4}{9}$

12 (대분수)÷(자연수) Ⓑ

❶ $\frac{1}{7}$, $\frac{11}{56}$　　　❻ $\frac{1}{6}$, $\frac{3}{14}$

❷ $\frac{1}{3}$, $\frac{13}{21}$　　　❼ $\frac{1}{7}$, $\frac{17}{63}$

❸ $\frac{1}{3}$, $\frac{7}{15}$　　　❽ $\frac{1}{3}$, $\frac{5}{8}$

❹ $\frac{1}{5}$, $\frac{14}{45}$　　　❾ $\frac{1}{4}$, $\frac{9}{20}$

❺ $\frac{1}{4}$, $\frac{5}{14}$　　　❿ $\frac{1}{4}$, $\frac{3}{7}$

⓫ $\frac{16}{45}$　　　⓲ $\frac{5}{21}$　　　㉕ $\frac{1}{4}$

⓬ $\frac{13}{63}$　　　⓳ $\frac{13}{56}$　　　㉖ $\frac{17}{36}$

⓭ $\frac{11}{72}$　　　⓴ $\frac{13}{36}$　　　㉗ $\frac{5}{21}$

⓮ $\frac{3}{5}$　　　㉑ $\frac{3}{7}$　　　㉘ $\frac{11}{40}$

⓯ $\frac{6}{7}$　　　㉒ $\frac{2}{9}$　　　㉙ $\frac{11}{63}$

⓰ $\frac{2}{7}$　　　㉓ $\frac{2}{5}$　　　㉚ $\frac{13}{42}$

⓱ $\frac{7}{9}$　　　㉔ $\frac{2}{9}$　　　㉛ $\frac{3}{7}$

13 (대분수)÷(자연수) Ⓒ

❶ $\frac{7}{10}$, $\frac{7}{10}$, 2　　❹ $\frac{11}{30}$, $\frac{11}{30}$, 5

❷ $\frac{13}{40}$, $\frac{13}{40}$, 5　　❺ $\frac{13}{18}$, $\frac{13}{18}$, 2

❸ $\frac{9}{28}$, $\frac{9}{28}$, 4　　❻ $\frac{7}{36}$, $\frac{7}{36}$, 8

❼ $\frac{8}{15}$, $\frac{8}{15}$, 3　　⓫ $\frac{7}{18}$, $\frac{7}{18}$, 4

❽ $\frac{11}{56}$, $\frac{11}{56}$, 7　　⓬ $\frac{3}{5}$, $\frac{3}{5}$, 3

❾ $\frac{2}{7}$, $\frac{2}{7}$, 5　　⓭ $\frac{11}{40}$, $\frac{11}{40}$, 5

❿ $\frac{16}{45}$, $\frac{16}{45}$, 5　　⓮ $\frac{4}{7}$, $\frac{4}{7}$, 3

2. 소수의 나눗셈

32쪽 **01 (소수)÷(자연수)의 계산 방법①** Ⓐ

❶ 93.9, 31.3　　❺ 30.8, 15.4
❷ 95.5, 19.1　　❻ 70.8, 11.8
❸ 89.6, 11.2　　❼ 84.4, 21.1
❹ 63.2, 31.6　　❽ 82.6, 11.8

33쪽

❾ 32.8	⓰ 14.2	㉓ 16.6
❿ 12.7	⓱ 16.6	㉔ 29.8
⓫ 21.4	⓲ 11.8	㉕ 22.3
⓬ 42.6	⓳ 16.7	㉖ 19.3
⓭ 13.4	⓴ 18.9	㉗ 25.6
⓮ 13.3	㉑ 23.8	㉘ 13.7
⓯ 15.1	㉒ 13.9	㉙ 12.6

36쪽 **03 (소수)÷(자연수)의 계산 방법②** Ⓐ

❶ 908, 908, 227, 2.27　　❺ 678, 678, 339, 3.39
❷ 996, 996, 332, 3.32　　❻ 784, 784, 112, 1.12
❸ 917, 917, 131, 1.31　　❼ 655, 655, 131, 1.31
❹ 992, 992, 124, 1.24　　❽ 708, 708, 118, 1.18

37쪽

❾ 1.13	⓰ 1.12	㉓ 1.66
❿ 1.66	⓱ 1.26	㉔ 1.16
⓫ 1.14	⓲ 1.67	㉕ 1.29
⓬ 1.16	⓳ 3.62	㉖ 1.47
⓭ 1.38	⓴ 1.33	㉗ 1.83
⓮ 1.18	㉑ 1.52	㉘ 3.13
⓯ 2.57	㉒ 1.19	㉙ 1.15

34쪽 **02 (소수)÷(자연수)의 계산 방법①** Ⓑ

❶ 7.24, 3.62　　❺ 8.68, 1.24
❷ 2.67, 0.89　　❻ 5.32, 1.33
❸ 9.04, 1.13　　❼ 7.25, 1.45
❹ 7.74, 1.29　　❽ 8.48, 4.24

35쪽

❾ 1.58	⓰ 1.17	㉓ 4.14
❿ 1.44	⓱ 2.27	㉔ 1.83
⓫ 3.73	⓲ 1.21	㉕ 2.06
⓬ 1.87	⓳ 1.19	㉖ 1.28
⓭ 1.41	⓴ 2.87	㉗ 1.62
⓮ 1.11	㉑ 1.27	㉘ 1.31
⓯ 4.13	㉒ 1.11	㉙ 2.19

38쪽 **04 (소수)÷(자연수)의 계산 방법②** Ⓑ

❶ 2.56　　❸ 2.98　　❺ 1.34
❷ 4.24　　❹ 1.41　　❻ 2.21

39쪽

❼ 1.44	⓭ 3.73	⓳ 1.14
❽ 3.21	⓮ 1.24	⓴ 4.14
❾ 2.32	⓯ 1.27	㉑ 1.32
❿ 1.41	⓰ 1.37	㉒ 2.38
⓫ 4.42	⓱ 1.63	㉓ 1.35
⓬ 2.78	⓲ 1.93	㉔ 1.58

40쪽 **05 몫이 1보다 작은 (소수)÷(자연수)** Ⓐ

❶ 264, 264, 44, 0.44　　❺ 308, 308, 77, 0.77
❷ 192, 192, 24, 0.24　　❻ 324, 324, 54, 0.54
❸ 576, 576, 64, 0.64　　❼ 344, 344, 86, 0.86
❹ 651, 651, 93, 0.93　　❽ 342, 342, 38, 0.38

41쪽

❾ 0.23　　⓰ 0.42　　㉓ 0.67
❿ 0.68　　⓱ 0.27　　㉔ 0.79
⓫ 0.46　　⓲ 0.96　　㉕ 0.34
⓬ 0.73　　⓳ 0.37　　㉖ 0.56
⓭ 0.58　　⓴ 0.88　　㉗ 0.75
⓮ 0.22　　㉑ 0.48　　㉘ 0.97
⓯ 0.32　　㉒ 0.94　　㉙ 0.87

42쪽 **06 몫이 1보다 작은 (소수)÷(자연수)** Ⓑ

❶ 1.36, 0.34　　❺ 1.25, 0.25
❷ 2.94, 0.42　　❻ 3.42, 0.57
❸ 1.96, 0.28　　❼ 1.48, 0.74
❹ 8.46, 0.94　　❽ 2.24, 0.56

43쪽

❾ 0.76　　⓰ 0.37　　㉓ 0.55
❿ 0.49　　⓱ 0.67　　㉔ 0.89
⓫ 0.59　　⓲ 0.95　　㉕ 0.65
⓬ 0.88　　⓳ 0.36　　㉖ 0.79
⓭ 0.23　　⓴ 0.98　　㉗ 0.48
⓮ 0.92　　㉑ 0.45　　㉘ 0.79
⓯ 0.92　　㉒ 0.57　　㉙ 0.31

44쪽 **07 몫이 1보다 작은 (소수)÷(자연수)** Ⓒ

❶ 0.61　　❹ 0.85　　❼ 0.53
❷ 0.62　　❺ 0.35　　❽ 0.65
❸ 0.44　　❻ 0.76　　❾ 0.94

45쪽

❿ 0.56　　⓰ 0.75　　㉒ 0.54
⓫ 0.38　　⓱ 0.89　　㉓ 0.58
⓬ 0.28　　⓲ 0.92　　㉔ 0.47
⓭ 0.62　　⓳ 0.59　　㉕ 0.33
⓮ 0.96　　⓴ 0.86　　㉖ 0.76
⓯ 0.78　　㉑ 0.49　　㉗ 0.66

08 소수점 아래 0을 내려 계산하는 (소수)÷(자연수) Ⓐ
46쪽

❶ 430, 430, 215, 2.15　　❺ 660, 660, 132, 1.32
❷ 570, 570, 114, 1.14　　❻ 890, 890, 445, 4.45
❸ 980, 980, 245, 2.45　　❼ 610, 610, 122, 1.22
❹ 730, 730, 146, 1.46　　❽ 690, 690, 345, 3.45

47쪽

❾ 1.35　　⓰ 3.75　　㉓ 1.65
❿ 1.36　　⓱ 2.85　　㉔ 1.15
⓫ 4.75　　⓲ 2.35　　㉕ 2.25
⓬ 1.75　　⓳ 3.65　　㉖ 4.25
⓭ 1.26　　⓴ 1.56　　㉗ 1.25
⓮ 4.65　　㉑ 1.42　　㉘ 3.95
⓯ 3.25　　㉒ 1.15　　㉙ 1.25

09 소수점 아래 0을 내려 계산하는 (소수)÷(자연수)
48쪽 **B**

❶ 8.9, 4.45　　❺ 9.4, 2.35
❷ 5.9, 1.18　　❻ 6.2, 1.55
❸ 6.5, 3.25　　❼ 9.1, 4.55
❹ 6.1, 1.22　　❽ 7.7, 1.54

49쪽

❾ 1.45　　⑯ 2.55　　㉓ 3.55
⑩ 1.25　　⑰ 1.35　　㉔ 1.62
⑪ 4.75　　⑱ 1.15　　㉕ 1.58
⑫ 1.36　　⑲ 1.12　　㉖ 1.34
⑬ 3.85　　⑳ 1.44　　㉗ 1.48
⑭ 1.85　　㉑ 4.25　　㉘ 1.95
⑮ 1.15　　㉒ 1.65　　㉙ 2.45

11 몫의 소수 첫째 자리에 0이 있는 (소수)÷(자연수)
52쪽 **A**

❶ 810, 810, 405, 4.05　　❺ 420, 420, 105, 1.05
❷ 210, 210, 105, 1.05　　❻ 510, 510, 102, 1.02
❸ 820, 820, 205, 2.05　　❼ 540, 540, 108, 1.08
❹ 610, 610, 305, 3.05　　❽ 840, 840, 105, 1.05

53쪽

❾ 630, 630, 105, 1.05　　⑭ 520, 520, 104, 1.04
⑩ 410, 410, 205, 2.05　　⑮ 530, 530, 106, 1.06
⑪ 210, 210, 105, 1.05　　⑯ 540, 540, 108, 1.08
⑫ 820, 820, 205, 2.05　　⑰ 810, 810, 405, 4.05
⑬ 420, 420, 105, 1.05　　⑱ 840, 840, 105, 1.05

10 소수점 아래 0을 내려 계산하는 (소수)÷(자연수)
50쪽 **C**

❶ 2.35　　❸ 4.35　　❺ 1.95
❷ 1.18　　❹ 1.85　　❻ 3.45

51쪽

❼ 1.42　　⑬ 3.95　　⑲ 3.25
❽ 2.35　　⑭ 2.15　　⑳ 1.48
❾ 1.66　　⑮ 1.45　　㉑ 3.75
⑩ 1.26　　⑯ 1.15　　㉒ 1.36
⑪ 1.55　　⑰ 4.15　　㉓ 1.25
⑫ 4.55　　⑱ 1.62　　㉔ 2.45

12 몫의 소수 첫째 자리에 0이 있는 (소수)÷(자연수)
54쪽 **B**

❶ 6.3, 1.05　　❺ 8.2, 2.05
❷ 5.2, 1.04　　❻ 6.1, 3.05
❸ 5.3, 1.06　　❼ 4.1, 2.05
❹ 5.1, 1.02　　❽ 4.2, 1.05

55쪽

❾ 2.1, 1.05　　⑭ 5.4, 1.08
⑩ 8.1, 4.05　　⑮ 8.4, 1.05
⑪ 5.2, 1.04　　⑯ 4.2, 1.05
⑫ 8.2, 2.05　　⑰ 6.3, 1.05
⑬ 4.1, 2.05　　⑱ 6.1, 3.05

13 몫의 소수 첫째 자리에 0이 있는 (소수)÷(자연수)

56쪽 C

① 1.05　　④ 1.05　　⑦ 1.06
② 2.05　　⑤ 4.05　　⑧ 1.02
③ 1.08　　⑥ 1.04　　⑨ 3.05

57쪽

⑩ 1.05　　⑮ 1.05　　⑳ 2.05
⑪ 4.05　　⑯ 1.04　　㉑ 1.02
⑫ 1.06　　⑰ 1.05　　㉒ 1.08
⑬ 3.05　　⑱ 1.05　　㉓ 2.05
⑭ 1.05　　⑲ 2.05　　㉔ 4.05

14 (자연수)÷(자연수)의 몫을 소수로 나타내기

58쪽 A

① 25, 2.5　　⑥ 22, 2.2
② 84, 8.4　　⑦ 185, 18.5
③ 14, 1.4　　⑧ 36, 3.6
④ 235, 23.5　⑨ 64, 6.4
⑤ 24, 2.4　　⑩ 125, 12.5

59쪽

⑪ 4.4　　⑱ 7.5　　㉕ 7.4
⑫ 10.5　　⑲ 9.4　　㉖ 1.2
⑬ 9.6　　⑳ 3.4　　㉗ 2.5
⑭ 4.2　　㉑ 16.5　　㉘ 6.8
⑮ 13.5　　㉒ 5.6　　㉙ 9.2
⑯ 3.2　　㉓ 15.5　　㉚ 3.8
⑰ 22.5　　㉔ 1.8　　㉛ 8.8

15 (자연수)÷(자연수)의 몫을 소수로 나타내기

60쪽 B

① 21, 10.5　　⑤ 31, 6.2
② 8, 1.6　　　⑥ 7, 3.5
③ 39, 19.5　　⑦ 12, 2.4
④ 31, 15.5　　⑧ 44, 8.8

61쪽

⑨ 7.2　　⑯ 6.5　　㉓ 4.4
⑩ 6.6　　⑰ 5.6　　㉔ 22.5
⑪ 12.5　　⑱ 2.2　　㉕ 5.2
⑫ 9.2　　⑲ 8.5　　㉖ 9.6
⑬ 1.5　　⑳ 7.8　　㉗ 7.6
⑭ 8.4　　㉑ 3.4　　㉘ 11.5
⑮ 1.2　　㉒ 24.5　　㉙ 3.8

16 (자연수)÷(자연수)의 몫을 소수로 나타내기

62쪽 C

① 5.8　　④ 6.5　　⑦ 1.2
② 2.2　　⑤ 3.2　　⑧ 2.5
③ 9.5　　⑥ 6.6　　⑨ 5.5

63쪽

⑩ 8.2　　⑮ 16.5　　⑳ 17.5
⑪ 1.4　　⑯ 8.8　　㉑ 4.5
⑫ 21.5　　⑰ 7.6　　㉒ 9.4
⑬ 12.5　　⑱ 2.6　　㉓ 4.2
⑭ 8.5　　⑲ 3.6　　㉔ 7.2

64쪽 01 비 구하기 (A)

❶ 4, 3, 4, 3, 3, 4, 4, 3
❷ 3, 5, 3, 5, 5, 3, 3, 5
❸ 2, 8, 2, 8, 8, 2, 2, 8

❹ 1, 5, 1, 5, 5, 1, 1, 5
❺ 6, 4, 6, 4, 4, 6, 6, 4
❻ 5, 8, 5, 8, 8, 5, 5, 8

65쪽

❼ 3, 4, 3, 4, 4, 3, 3, 4
❽ 1, 8, 1, 8, 8, 1, 1, 8
❾ 8, 3, 8, 3, 3, 8, 8, 3
❿ 5, 6, 5, 6, 6, 5, 5, 6

⓫ 7, 5, 7, 5, 5, 7, 7, 5
⓬ 4, 8, 4, 8, 8, 4, 4, 8
⓭ 2, 3, 2, 3, 3, 2, 2, 3
⓮ 9, 2, 9, 2, 2, 9, 9, 2

66쪽 02 비 구하기 (B)

❶ 3, 6 / 6, 3
❷ 9, 3 / 3, 9
❸ 6, 1 / 1, 6
❹ 4, 6 / 6, 4
❺ 5, 2 / 2, 5
❻ 1, 9 / 9, 1
❼ 7, 4 / 4, 7

67쪽

❽ 6, 8
❾ 1, 3
❿ 4, 5
⓫ 3, 6
⓬ 7, 5
⓭ 9, 3
⓮ 1, 7
⓯ 9, 2

⓰ 3, 1
⓱ 7, 2
⓲ 8, 9
⓳ 7, 4
⓴ 4, 2
㉑ 6, 1
㉒ 2, 4
㉓ 8, 6

68쪽 03 비율 구하기 (A)

❶ 5, 3
❷ 6, 8
❸ 1, 2
❹ 5, 2

❺ 4, 6
❻ 2, 4
❼ 6, 4
❽ 7, 3

❾ 8, 9
❿ 7, 1
⓫ 6, 5
⓬ 3, 7

69쪽

⓭ 2, 8
⓮ 2, 6
⓯ 8, 4
⓰ 4, 1
⓱ 5, 6

⓲ 9, 2
⓳ 5, 8
⓴ 8, 5
㉑ 2, 1
㉒ 6, 9

㉓ 2, 9
㉔ 1, 7
㉕ 4, 7
㉖ 4, 5
㉗ 1, 3

70쪽 04 비율 구하기 (B)

❶ $\frac{3}{5}$, 0.6
❷ $\frac{2}{10}$, 0.2
❸ $\frac{15}{20}$, 0.75
❹ $\frac{8}{10}$, 0.8

❺ $\frac{4}{10}$, 0.4
❻ $\frac{6}{10}$, 0.6
❼ $\frac{9}{20}$, 0.45
❽ $\frac{5}{10}$, 0.5

❾ $\frac{7}{10}$, 0.7
❿ $\frac{10}{50}$, 0.2
⓫ $\frac{3}{10}$, 0.3
⓬ $\frac{11}{20}$, 0.55

71쪽

⓭ $\frac{1}{5}$, 0.2
⓮ $\frac{4}{10}$, 0.4
⓯ $\frac{7}{20}$, 0.35
⓰ $\frac{6}{10}$, 0.6
⓱ $\frac{3}{5}$, 0.6

⓲ $\frac{6}{20}$, 0.3
⓳ $\frac{2}{20}$, 0.1
⓴ $\frac{4}{5}$, 0.8
㉑ $\frac{4}{50}$, 0.08
㉒ $\frac{17}{50}$, 0.34

㉓ $\frac{2}{10}$, 0.2
㉔ $\frac{8}{50}$, 0.16
㉕ $\frac{1}{10}$, 0.1
㉖ $\frac{12}{50}$, 0.24
㉗ $\frac{8}{20}$, 0.4

❶ $\frac{1}{4}$, 0.25   ❹ $\frac{7}{4}$, 1.75

❷ $\frac{2}{5}$, 0.4   ❺ $\frac{7}{5}$, 1.4

❸ $\frac{3}{2}$, 1.5   ❻ $\frac{6}{5}$, 1.2

73쪽

❼ $\frac{4}{10}$, 0.4   ⓫ $\frac{5}{4}$, 1.25

❽ $\frac{9}{5}$, 1.8   ⓬ $\frac{8}{10}$, 0.8

❾ $\frac{3}{5}$, 0.6   ⓭ $\frac{5}{2}$, 2.5

❿ $\frac{7}{2}$, 3.5   ⓮ $\frac{3}{5}$, 0.6

74쪽 06 비율을 백분율로 나타내기 A

❶ 20   ❻ 60   ⓫ 50
❷ 50   ❼ 75   ⓬ 70
❸ 40   ❽ 60   ⓭ 30
❹ 90   ❾ 50   ⓮ 80
❺ 25   ❿ 80   ⓯ 20

75쪽

⓰ 25, 25, 25, 25   ㉑ 20, 20, 60, 60
⓱ 20, 20, 40, 40   ㉒ 10, 10, 20, 20
⓲ 10, 10, 40, 40   ㉓ 10, 10, 30, 30
⓳ 25, 25, 75, 75   ㉔ 10, 10, 60, 60
⓴ 10, 10, 10, 10   ㉕ 10, 10, 80, 80

76쪽 07 비율을 백분율로 나타내기 B

❶ 100, 20   ❻ 100, 80
❷ 100, 20   ❼ 100, 40
❸ 100, 50   ❽ 100, 40
❹ 100, 60   ❾ 100, 60
❺ 100, 50   ❿ 100, 70

77쪽

⓫ 100, 30   ⓲ 100, 25
⓬ 100, 90   ⓳ 100, 40
⓭ 100, 50   ⓴ 100, 20
⓮ 100, 10   ㉑ 100, 60
⓯ 100, 50   ㉒ 100, 75
⓰ 100, 20   ㉓ 100, 50
⓱ 100, 80   ㉔ 100, 80

78쪽 08 백분율을 비로 나타내기 A

❶ 30, 30   ❻ 18, 18
❷ 4, 4   ❼ 41, 41
❸ 74, 74   ❽ 55, 55
❹ 81, 81   ❾ 63, 63
❺ 28, 28   ❿ 90, 90

79쪽

⓫ 12, 12   ⓱ 69, 69
⓬ 22, 22   ⓲ 9, 9
⓭ 45, 45   ⓳ 84, 84
⓮ 98, 98   ⓴ 62, 62
⓯ 35, 35   ㉑ 88, 88
⓰ 52, 52   ㉒ 77, 77

❶ 80, $\frac{4}{5}$, 4, 5

❷ 10, $\frac{1}{10}$, 1, 10

❸ 90, $\frac{9}{10}$, 9, 10

❹ 60, $\frac{3}{5}$, 3, 5

❺ 40, $\frac{2}{5}$, 2, 5

❻ 50, $\frac{1}{2}$, 1, 2

❼ 75, $\frac{3}{4}$, 3, 4

❽ 20, $\frac{1}{5}$, 1, 5

❾ 25, $\frac{1}{4}$, 1, 4

❿ 30, $\frac{3}{10}$, 3, 10

81쪽

⓫ 12, $\frac{3}{25}$, 3, 25

⓬ 36, $\frac{9}{25}$, 9, 25

⓭ 70, $\frac{7}{10}$, 7, 10

⓮ 14, $\frac{7}{50}$, 7, 50

⓯ 35, $\frac{7}{20}$, 7, 20

⓰ 15, $\frac{3}{20}$, 3, 20

⓱ 84, $\frac{21}{25}$, 21, 25

⓲ 48, $\frac{12}{25}$, 12, 25

⓳ 62, $\frac{31}{50}$, 31, 50

⓴ 8, $\frac{2}{25}$, 2, 25

㉑ 24, $\frac{6}{25}$, 6, 25

㉒ 8, $\frac{2}{25}$, 2, 25

82쪽 01 직육면체의 부피 Ⓐ

❶ 4, 5, 2, 40
❷ 3, 5, 3, 45
❸ 6, 2, 4, 48
❹ 4, 3, 5, 60

83쪽

❺ 2, 4, 3, 24
❻ 2, 5, 4, 40
❼ 5, 4, 5, 100
❽ 3, 2, 4, 24
❾ 2, 5, 2, 20
❿ 5, 3, 4, 60

86쪽 03 직육면체의 겉넓이 Ⓐ

❶ 5, 5, 2, 94
❷ 3, 3, 2, 52
❸ 2, 2, 2, 72
❹ 4, 4, 2, 76

87쪽

❺ 4, 4, 2, 52
❻ 2, 2, 2, 62
❼ 5, 5, 2, 62
❽ 2, 2, 2, 104
❾ 5, 5, 2, 94
❿ 5, 5, 2, 76

84쪽 02 정육면체의 부피 Ⓐ

❶ 3, 3, 3, 27
❷ 9, 9, 9, 729
❸ 5, 5, 5, 125
❹ 12, 12, 12, 1728

85쪽

❺ 4, 4, 4, 64
❻ 10, 10, 10, 1000
❼ 6, 6, 6, 216
❽ 11, 11, 11, 1331
❾ 5, 5, 5, 125
❿ 13, 13, 13, 2197

88쪽 04 정육면체의 겉넓이 Ⓐ

❶ 7, 6, 294
❷ 9, 6, 486
❸ 11, 6, 726
❹ 2, 6, 24

89쪽

❺ 13, 6, 1014
❻ 5, 6, 150
❼ 12, 6, 864
❽ 6, 6, 216
❾ 14, 6, 1176
❿ 8, 6, 384

MEMO

쌩과 **맘**이 만든

쌍둥이 연산노트

의 책이에요!

제 품 명: 쌍둥이 연산노트
제조자명: 이젠교육
제조국명: 대한민국
제조년월: 판권에 별도 표기
사용학년: 8세 이상

※ KC마크는 이 제품이 공통안전기준에 적합하였음을 의미합니다.

값 9,500원

63410

9 791190 880619

ISBN 979-11-90880-61-9

교과서 연계 연산 강화 프로젝트
속도와 정확성을 동시에 잡는 연산 훈련서

쌤과 맘이 만든

쌩쌩이 연산노트

초등 11단계 **6·1**

복습책

1일 2쪽
한 달 완성

이젠교육
EZEN EDUCATION

이젠수학연구소 지음

이젠수학연구소는 유아에서 초중고까지 학생들이 수학의 바른길을
찾아갈 수 있도록 수학 학습법을 연구하는 이젠교육의 수학 연구소
입니다. 수학 실력은 하루아침에 완성되지 않으며, 다양한 경험을
통해 발달합니다. 그길에 친구가 되고자 노력합니다.

복습을 하지 않으면
공부를 하지 않은 것과 같아요!

쌤과 맘이 만든

쌍둥이 연산 노트 6-1 복습책 (초등 11단계)

지 은 이	이젠수학연구소	개발책임	최철훈
펴 낸 이	임요병	편 집	㈜성지이디피
펴 낸 곳	㈜이젠미디어	디 자 인	이순주, 최수연
출판등록	제 2020-000073호	제 작	이성기
주 소	서울시 영등포구 양평로 22길 21	마 케 팅	김남미
	코오롱디지털타워 404호	인스타그램	@ezeneducation
전 화	(02)324-1600	블 로 그	http://blog.naver.com/ezeneducation
팩 스	(031)941-9611		

@이젠교육
ISBN 979-11-90880-61-9

쌩과 맘이 만든

쌍둥이
연산노트

초등 11단계 **6·1**
복습책

한눈에 보기

1학년

1학기	
단원	학습 내용
9까지의 수	· 9까지의 수의 순서 알기 · 수를 세어 크기 비교하기
덧셈	· 9까지의 수 모으기 · 합이 9까지인 덧셈하기
뺄셈	· 9까지의 수 가르기 · 한 자리 수의 뺄셈하기
50까지의 수	· 십몇 알고 모으기와 가르기 · 50까지의 수의 순서 알기 · 50까지의 수의 크기 비교

2학기	
단원	학습 내용
100까지의 수	· 100까지의 수의 순서 알기 · 100까지 수의 크기 비교하기
덧셈(1)	· (몇십몇)＋(몇십몇) · 합이 한 자리 수인 세 수의 덧셈
뺄셈(1)	· (몇십몇)－(몇십몇) · 계산 결과가 한 자리 수인 세 수의 뺄셈
덧셈(2)	· 세 수의 덧셈 · 받아올림이 있는 (몇)＋(몇)
뺄셈(2)	· 세 수의 뺄셈 · 받아내림이 있는 (십몇)－(몇)

2학년

1학기	
단원	학습 내용
세 자리 수	· 세 자리 수의 자릿값 알기 · 수의 크기 비교
덧셈	· 받아올림이 있는 (두 자리 수)＋(두 자리 수) · 세 수의 덧셈
뺄셈	· 받아내림이 있는 (두 자리 수)－(두 자리 수) · 세 수의 뺄셈
곱셈	· 몇 배인지 알아보기 · 곱셈식으로 나타내기

2학기	
단원	학습 내용
네 자리 수	· 네 자리 수 알기 · 두 수의 크기 비교
곱셈구구	· 2~9단 곱셈구구 · 1의 단, 0과 어떤 수의 곱
길이 재기	· 길이의 합 · 길이의 차
시각과 시간	· 시각 읽기 · 시각과 분 사이의 관계 · 하루, 1주일, 달력 알기

3학년

1학기	
단원	학습 내용
덧셈	· 받아올림이 있는 (세 자리 수)＋(세 자리 수)
뺄셈	· 받아내림이 있는 (세 자리 수)－(세 자리 수)
나눗셈	· 곱셈과 나눗셈의 관계 · 나눗셈의 몫 구하기
곱셈	· 올림이 있는 (몇십몇)×(몇)
길이와 시간의 덧셈과 뺄셈	· 길이의 덧셈과 뺄셈 · 시간의 덧셈과 뺄셈
분수와 소수	· 분모가 같은 분수의 크기 비교 · 소수의 크기 비교

2학기	
단원	학습 내용
곱셈	· 올림이 있는 (세 자리 수)×(한 자리 수) · 올림이 있는 (몇십몇)×(몇십몇)
나눗셈	· 나머지가 있는 (몇십몇)÷(몇) · 나머지가 있는 (세 자리 수)÷(한 자리 수)
분수	· 진분수, 가분수, 대분수 · 대분수를 가분수로 나타내기 · 가분수를 대분수로 나타내기 · 분모가 같은 분수의 크기 비교
들이와 무게	· 들이의 덧셈과 뺄셈 · 무게의 덧셈과 뺄셈

쌍둥이 연산 노트는 수학 교과서의 연산과 관련된 모든 영역의 문제를
학교 수업 차시에 맞게 구성하였습니다.

4학년

1학기		2학기	
단원	학습 내용	단원	학습 내용
큰 수	· 다섯 자리 수 · 천만, 천억, 천조 알기 · 수의 크기 비교	분수의 덧셈	· 분모가 같은 분수의 덧셈 · 진분수 부분의 합이 1보다 큰 대분수의 덧셈
각도	· 각도의 합과 차 · 삼각형의 세 각의 크기의 합 · 사각형의 네 각의 크기의 합	분수의 뺄셈	· 분모가 같은 분수의 뺄셈 · 받아내림이 있는 대분수의 뺄셈
곱셈	· (몇백)×(몇십) · (세 자리 수)×(두 자리 수)	소수의 덧셈	· (소수 두 자리 수)＋(소수 두 자리 수) · 자릿수가 다른 소수의 덧셈
나눗셈	· (몇백몇십)÷(몇십) · (세 자리 수)÷(두 자리 수)	소수의 뺄셈	· (소수 두 자리 수)－(소수 두 자리 수) · 자릿수가 다른 소수의 뺄셈
		다각형	· 삼각형, 평행사변형, 마름모, 직사각형의 각도와 길이 구하기

5학년

1학기		2학기	
단원	학습 내용	단원	학습 내용
자연수의 혼합 계산	· 덧셈, 뺄셈, 곱셈, 나눗셈이 섞여 있는 식 계산하기	어림하기	· 올림, 버림, 반올림
약수와 배수	· 약수와 배수 · 최대공약수와 최소공배수	분수의 곱셈	· (분수)×(자연수) · (자연수)×(분수) · (분수)×(분수) · 세 분수의 곱셈
약분과 통분	· 약분과 통분 · 분수와 소수의 크기 비교		
분수의 덧셈과 뺄셈	· 받아올림이 있는 분수의 덧셈 · 받아내림이 있는 분수의 뺄셈	소수의 곱셈	· (소수)×(자연수) · (자연수)×(소수) · (소수)×(소수) · 곱의 소수점의 위치
다각형의 둘레와 넓이	· 정다각형의 둘레 · 사각형, 평행사변형, 삼각형, 마름모, 사다리꼴의 넓이	자료의 표현	· 평균 구하기

6학년

1학기		2학기	
단원	학습 내용	단원	학습 내용
분수의 나눗셈	· (자연수)÷(자연수) · (분수)÷(자연수)	분수의 나눗셈	· (진분수)÷(진분수) · (자연수)÷(분수) · (대분수)÷(대분수)
소수의 나눗셈	· (소수)÷(자연수) · (자연수)÷(자연수)	소수의 나눗셈	· (소수)÷(소수) · (자연수)÷(소수) · 몫을 반올림하여 나타내기
비와 비율	· 비와 비율 구하기 · 비율을 백분율, 백분율을 비율로 나타내기	비례식과 비례배분	· 간단한 자연수의 비로 나타내기 · 비례식과 비례배분
직육면체의 부피와 겉넓이	· 직육면체의 부피와 겉넓이 · 정육면체의 부피와 겉넓이	원주와 원의 넓이	· 원주, 지름, 반지름 구하기 · 원의 넓이 구하기

구성과 유의점

단원	학습 내용	지도 시 유의점	표준 시간
분수의 나눗셈	01 (자연수)÷(자연수)의 몫을 분수로 나타내기(1)	·그림을 통해 1÷(자연수)와 (자연수)÷(자연수)의 몫을 분수로 나타내는 원리를 이해하게 합니다. ·자연수의 나눗셈에서 몫과 나머지를 가지고 (자연수)÷(자연수)의 몫을 분수로 나타내는 원리를 이해하게 합니다.	11분
	02 (자연수)÷(자연수)의 몫을 분수로 나타내기(2)		13분
	03 (자연수)÷(자연수)의 몫을 분수로 나타내기(3)		9분
	04 (분수)÷(자연수)의 계산 방법①(1)	분수의 의미와 나눗셈의 의미를 통해 (분수)÷(자연수)를 계산하는 원리를 이해하게 합니다.	15분
	05 (분수)÷(자연수)의 계산 방법①(2)		15분
	06 (분수)÷(자연수)의 계산 방법②(1)	(분수)÷(자연수)를 두 분수의 곱셈으로 나타낼 수 있음을 이해하게 합니다.	15분
	07 (분수)÷(자연수)의 계산 방법②(2)		15분
	08 (가분수)÷(자연수)(1)	·분수가 포함된 한 양이 다른 양의 몇 배가 되는지를 구하는 상황이 나눗셈 상황임을 이해하게 합니다. ·(가분수)÷(자연수)를 통분하여 계산하는 방법과 분수의 곱셈으로 나타내어 계산하는 방법을 이해하게 합니다.	15분
	09 (가분수)÷(자연수)(2)		15분
	10 (가분수)÷(자연수)(3)		9분
	11 (대분수)÷(자연수)(1)	·분수가 포함된 한 양이 다른 양의 몇 배가 되는지를 구하는 상황이 나눗셈 상황임을 이해하게 합니다. ·(대분수)÷(자연수)를 통분하여 계산하는 방법과 분수의 곱셈으로 나타내어 계산하는 방법을 이해하게 합니다.	15분
	12 (대분수)÷(자연수)(2)		15분
	13 (대분수)÷(자연수)(3)		9분
소수의 나눗셈	01 (소수)÷(자연수)의 계산 방법①(1)	자연수의 나눗셈을 이용하여 (소수)÷(자연수)의 계산 원리를 이해하고 계산할 수 있게 합니다.	15분
	02 (소수)÷(자연수)의 계산 방법①(2)		15분
	03 (소수)÷(자연수)의 계산 방법②(1)	(소수)÷(자연수)를 분수의 나눗셈으로 고쳐서 계산하거나 자연수의 나눗셈의 세로 계산으로 구할 수 있게 합니다.	15분
	04 (소수)÷(자연수)의 계산 방법②(2)		15분
	05 몫이 1보다 작은 (소수)÷(자연수)(1)	·몫이 1보다 작은 소수인 (소수)÷(자연수)를 분수의 나눗셈으로 변환하여 몫을 구하게 합니다. ·자연수의 나눗셈의 세로 계산에서 몫이 1보다 작은 소수인 (소수)÷(자연수)의 세로 계산을 유추하고 활용하게 합니다.	15분
	06 몫이 1보다 작은 (소수)÷(자연수)(2)		15분
	07 몫이 1보다 작은 (소수)÷(자연수)(3)		15분

- ◆ 차시별 2쪽 구성으로 차시의 중요도별로 A~C단계로 2~6쪽까지 집중적으로 학습할 수 있습니다.
- ◆ 차시별 예습 2쪽＋복습 2쪽 구성으로 시기별로 2번 반복할 수 있습니다.

단원	학습 내용	지도 시 유의점	표준 시간
소수의 나눗셈	08 소수점 아래 0을 내려 계산하는 (소수)÷(자연수)(1)	· 소수점 아래 0을 내려 계산하는 (소수)÷(자연수)를 분수의 나눗셈으로 변환하여 몫을 구하게 합니다. · 자연수의 나눗셈의 세로 계산에서 소수점 아래 0을 내려 계산하는 (소수)÷(자연수)의 세로 계산을 유추하고 활용하게 합니다.	15분
	09 소수점 아래 0을 내려 계산하는 (소수)÷(자연수)(2)		15분
	10 소수점 아래 0을 내려 계산하는 (소수)÷(자연수)(3)		13분
	11 몫의 소수 첫째 자리에 0이 있는 (소수)÷(자연수)(1)	· 몫의 소수 첫째 자리에 0이 있는 (소수)÷(자연수)를 분수의 나눗셈으로 변환하여 몫을 구하게 합니다. · 자연수의 나눗셈의 세로 계산에서 몫의 소수 첫째 자리에 0이 있는 (소수)÷(자연수)의 세로 계산을 유추하고 활용하게 합니다.	9분
	12 몫의 소수 첫째 자리에 0이 있는 (소수)÷(자연수)(2)		9분
	13 몫의 소수 첫째 자리에 0이 있는 (소수)÷(자연수)(3)		11분
	14 (자연수)÷(자연수)의 몫을 소수로 나타내기(1)	· 몫을 분수로 표현하고 이를 다시 소수로 표현해 보게 합니다. · 기존에 학습한 자연수 나눗셈의 세로 계산을 확장하여 세로 계산을 이용하여 (자연수)÷(자연수)를 몫을 소수 부분까지 표현하는 방법을 이해하고 활용하게 합니다.	15분
	15 (자연수)÷(자연수)의 몫을 소수로 나타내기(2)		15분
	16 (자연수)÷(자연수)의 몫을 소수로 나타내기(3)		13분
비와 비율	01 비 구하기(1)	비의 뜻을 알고, 상황을 비로 나타내게 합니다.	7분
	02 비 구하기(2)		8분
	03 비율 구하기(1)	· 비율의 뜻을 알아보게 합니다. · 비율을 분수와 소수로 나타내게 합니다. · 그림을 이용하여 비율을 분수와 소수로 나타내게 합니다.	10분
	04 비율 구하기(2)		10분
	05 비율 구하기(3)		7분
	06 비율을 백분율로 나타내기(1)	· 백분율의 뜻을 알아보게 합니다. · 비율을 백분율로 나타내는 방법을 알아보게 합니다.	13분
	07 비율을 백분율로 나타내기(2)		13분
	08 백분율을 비로 나타내기(1)	백분율을 비로 나타내는 방법을 알아보게 합니다.	13분
	09 백분율을 비로 나타내기(2)		13분
직육면체의 부피와 겉넓이	01 직육면체의 부피	직육면체의 부피를 구하는 방법을 식으로 나타내게 합니다.	9분
	02 정육면체의 부피	정육면체의 부피를 구하는 방법을 식으로 나타내게 합니다.	9분
	03 직육면체의 겉넓이	직육면체의 겉넓이를 구하는 방법을 식으로 나타내게 합니다.	9분
	04 정육면체의 겉넓이	정육면체의 겉넓이를 구하는 방법을 식으로 나타내게 합니다.	9분

01 (자연수)÷(자연수)의 몫을 분수로 나타내기 복습 A

💡 그림을 보고 ☐ 안에 알맞은 수를 써넣으세요.

1

$1 \div 8 = \dfrac{\square}{\square}$

1을 똑같이 8로 나누면 $\dfrac{1}{8}$이에요.

5

$1 \div 6 = \dfrac{\square}{\square}$

9

$1 \div 2 = \dfrac{\square}{\square}$

2

$1 \div 3 = \dfrac{\square}{\square}$

6

$1 \div 9 = \dfrac{\square}{\square}$

10

$1 \div 7 = \dfrac{\square}{\square}$

3

$1 \div 4 = \dfrac{\square}{\square}$

7

$1 \div 5 = \dfrac{\square}{\square}$

11

$1 \div 10 = \dfrac{\square}{\square}$

4

$1 \div 7 = \dfrac{\square}{\square}$

8

$1 \div 6 = \dfrac{\square}{\square}$

12

$1 \div 2 = \dfrac{\square}{\square}$

◆ 그림을 보고 ☐ 안에 알맞은 수를 써넣으세요.

13

$1 \div 5 = \dfrac{\Box}{\Box}$

17

$1 \div 9 = \dfrac{\Box}{\Box}$

21

$1 \div 7 = \dfrac{\Box}{\Box}$

14

$1 \div 6 = \dfrac{\Box}{\Box}$

18

$1 \div 4 = \dfrac{\Box}{\Box}$

22

$1 \div 3 = \dfrac{\Box}{\Box}$

15

$1 \div 10 = \dfrac{\Box}{\Box}$

19

$1 \div 8 = \dfrac{\Box}{\Box}$

23

$1 \div 2 = \dfrac{\Box}{\Box}$

16

$1 \div 3 = \dfrac{\Box}{\Box}$

20

$1 \div 5 = \dfrac{\Box}{\Box}$

24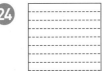

$1 \div 9 = \dfrac{\Box}{\Box}$

02 (자연수)÷(자연수)의 몫을 분수로 나타내기 복습 B

💡 그림을 보고 ☐ 안에 알맞은 수를 써넣으세요.

1
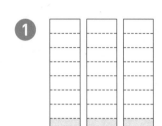
$3 \div 8 = \dfrac{\square}{\square}$

$3 \div 8$은 $\dfrac{1}{8}$이 3개이므로 $\dfrac{3}{8}$이에요.

5
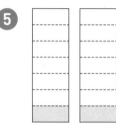
$2 \div 7 = \dfrac{\square}{\square}$

2
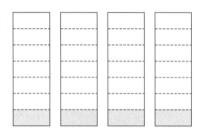
$4 \div 7 = \dfrac{\square}{\square}$

6
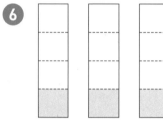
$3 \div 4 = \dfrac{\square}{\square}$

3
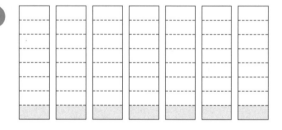
$7 \div 8 = \dfrac{\square}{\square}$

7
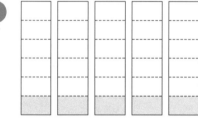
$5 \div 6 = \dfrac{\square}{\square}$

4
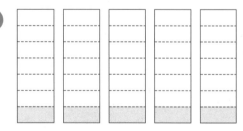
$5 \div 7 = \dfrac{\square}{\square}$

8

$4 \div 9 = \dfrac{\square}{\square}$

공부한 날짜	맞힌 개수	걸린 시간
월 일	/29	분

💡 나눗셈을 분수로 나타내려고 합니다. ☐ 안에 알맞은 수를 써넣으세요.

9 $3 \div 16 = \dfrac{\square}{\square}$

16 $8 \div 11 = \dfrac{\square}{\square}$

23 $3 \div 14 = \dfrac{\square}{\square}$

10 $5 \div 18 = \dfrac{\square}{\square}$

17 $2 \div 11 = \dfrac{\square}{\square}$

24 $5 \div 9 = \dfrac{\square}{\square}$

11 $6 \div 11 = \dfrac{\square}{\square}$

18 $4 \div 13 = \dfrac{\square}{\square}$

25 $4 \div 15 = \dfrac{\square}{\square}$

12 $2 \div 19 = \dfrac{\square}{\square}$

19 $8 \div 19 = \dfrac{\square}{\square}$

26 $2 \div 15 = \dfrac{\square}{\square}$

13 $2 \div 13 = \dfrac{\square}{\square}$

20 $7 \div 10 = \dfrac{\square}{\square}$

27 $5 \div 16 = \dfrac{\square}{\square}$

14 $5 \div 11 = \dfrac{\square}{\square}$

21 $4 \div 17 = \dfrac{\square}{\square}$

28 $9 \div 19 = \dfrac{\square}{\square}$

15 $9 \div 10 = \dfrac{\square}{\square}$

22 $7 \div 13 = \dfrac{\square}{\square}$

29 $3 \div 11 = \dfrac{\square}{\square}$

03 (자연수)÷(자연수)의 몫을 분수로 나타내기

💡 그림을 보고 ☐ 안에 알맞은 수를 써넣으세요.

1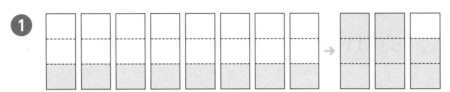

$8 \div 3 = \dfrac{\square}{\square} = \square\dfrac{\square}{\square}$

$\dfrac{1}{3}$이 8개이므로 $\dfrac{8}{3}=2\dfrac{2}{3}$예요.

2

$8 \div 5 = \dfrac{\square}{\square} = \square\dfrac{\square}{\square}$

3

$3 \div 2 = \dfrac{\square}{\square} = \square\dfrac{\square}{\square}$

4

$4 \div 3 = \dfrac{\square}{\square} = \square\dfrac{\square}{\square}$

5

$7 \div 4 = \dfrac{\square}{\square} = \square\dfrac{\square}{\square}$

공부한 날짜	맞힌 개수	걸린 시간
월　　일	/19	분

💡 나눗셈을 분수로 나타내려고 합니다. ☐ 안에 알맞은 수를 써넣으세요.

6 $17 \div 2 = \dfrac{\Box}{\Box} = \Box\dfrac{\Box}{\Box}$

13 $7 \div 5 = \dfrac{\Box}{\Box} = \Box\dfrac{\Box}{\Box}$

7 $8 \div 7 = \dfrac{\Box}{\Box} = \Box\dfrac{\Box}{\Box}$

14 $14 \div 9 = \dfrac{\Box}{\Box} = \Box\dfrac{\Box}{\Box}$

8 $11 \div 3 = \dfrac{\Box}{\Box} = \Box\dfrac{\Box}{\Box}$

15 $9 \div 2 = \dfrac{\Box}{\Box} = \Box\dfrac{\Box}{\Box}$

9 $12 \div 7 = \dfrac{\Box}{\Box} = \Box\dfrac{\Box}{\Box}$

16 $12 \div 5 = \dfrac{\Box}{\Box} = \Box\dfrac{\Box}{\Box}$

10 $5 \div 3 = \dfrac{\Box}{\Box} = \Box\dfrac{\Box}{\Box}$

17 $13 \div 4 = \dfrac{\Box}{\Box} = \Box\dfrac{\Box}{\Box}$

11 $9 \div 4 = \dfrac{\Box}{\Box} = \Box\dfrac{\Box}{\Box}$

18 $9 \div 8 = \dfrac{\Box}{\Box} = \Box\dfrac{\Box}{\Box}$

12 $10 \div 9 = \dfrac{\Box}{\Box} = \Box\dfrac{\Box}{\Box}$

19 $11 \div 7 = \dfrac{\Box}{\Box} = \Box\dfrac{\Box}{\Box}$

04 (분수)÷(자연수)의 계산 방법①

💡 ⬜ 안에 알맞은 수를 써넣으세요.

1 $\dfrac{6}{11} \div 2 = \dfrac{\boxed{} \div \boxed{}}{11} = \dfrac{\boxed{}}{11}$

분자를 자연수로 나누어 주세요.

7 $\dfrac{12}{23} \div 2 = \dfrac{\boxed{} \div \boxed{}}{23} = \dfrac{\boxed{}}{23}$

2 $\dfrac{15}{17} \div 3 = \dfrac{\boxed{} \div \boxed{}}{17} = \dfrac{\boxed{}}{17}$

8 $\dfrac{6}{19} \div 2 = \dfrac{\boxed{} \div \boxed{}}{19} = \dfrac{\boxed{}}{19}$

3 $\dfrac{6}{11} \div 3 = \dfrac{\boxed{} \div \boxed{}}{11} = \dfrac{\boxed{}}{11}$

9 $\dfrac{10}{17} \div 2 = \dfrac{\boxed{} \div \boxed{}}{17} = \dfrac{\boxed{}}{17}$

4 $\dfrac{8}{11} \div 2 = \dfrac{\boxed{} \div \boxed{}}{11} = \dfrac{\boxed{}}{11}$

10 $\dfrac{18}{25} \div 9 = \dfrac{\boxed{} \div \boxed{}}{25} = \dfrac{\boxed{}}{25}$

5 $\dfrac{18}{19} \div 3 = \dfrac{\boxed{} \div \boxed{}}{19} = \dfrac{\boxed{}}{19}$

11 $\dfrac{4}{19} \div 2 = \dfrac{\boxed{} \div \boxed{}}{19} = \dfrac{\boxed{}}{19}$

6 $\dfrac{9}{16} \div 3 = \dfrac{\boxed{} \div \boxed{}}{16} = \dfrac{\boxed{}}{16}$

12 $\dfrac{12}{23} \div 3 = \dfrac{\boxed{} \div \boxed{}}{23} = \dfrac{\boxed{}}{23}$

⤷ 정답 92쪽

💡 나눗셈을 하세요.

⑬ $\dfrac{15}{16} \div 5$

⑭ $\dfrac{8}{15} \div 4$

⑮ $\dfrac{12}{23} \div 3$

⑯ $\dfrac{15}{22} \div 3$

⑰ $\dfrac{18}{19} \div 2$

⑱ $\dfrac{4}{7} \div 2$

⑲ $\dfrac{12}{17} \div 2$

⑳ $\dfrac{6}{7} \div 3$

㉑ $\dfrac{9}{10} \div 3$

㉒ $\dfrac{16}{17} \div 2$

㉓ $\dfrac{6}{13} \div 2$

㉔ $\dfrac{10}{11} \div 2$

㉕ $\dfrac{18}{19} \div 6$

㉖ $\dfrac{6}{19} \div 3$

㉗ $\dfrac{12}{23} \div 4$

㉘ $\dfrac{18}{25} \div 6$

㉙ $\dfrac{4}{17} \div 2$

㉚ $\dfrac{15}{26} \div 5$

㉛ $\dfrac{16}{23} \div 4$

㉜ $\dfrac{8}{17} \div 2$

㉝ $\dfrac{16}{25} \div 2$

05 (분수)÷(자연수)의 계산 방법①

💡 ☐ 안에 알맞은 수를 써넣으세요.

1 $\dfrac{7}{9} \div 6 = \dfrac{7 \times \square}{9 \times \square} \div 6$

$= \dfrac{\square}{\square} \div 6 = \dfrac{\square \div 6}{\square} = \dfrac{\square}{\square}$

분자를 나누는 수의 배수로 바꾸어 계산해요.

6 $\dfrac{5}{8} \div 3 = \dfrac{5 \times \square}{8 \times \square} \div 3$

$= \dfrac{\square}{\square} \div 3 = \dfrac{\square \div 3}{\square} = \dfrac{\square}{\square}$

2 $\dfrac{3}{5} \div 2 = \dfrac{3 \times \square}{5 \times \square} \div 2$

$= \dfrac{\square}{\square} \div 2 = \dfrac{\square \div 2}{\square} = \dfrac{\square}{\square}$

7 $\dfrac{4}{9} \div 3 = \dfrac{4 \times \square}{9 \times \square} \div 3$

$= \dfrac{\square}{\square} \div 3 = \dfrac{\square \div 3}{\square} = \dfrac{\square}{\square}$

3 $\dfrac{5}{6} \div 3 = \dfrac{5 \times \square}{6 \times \square} \div 3$

$= \dfrac{\square}{\square} \div 3 = \dfrac{\square \div 3}{\square} = \dfrac{\square}{\square}$

8 $\dfrac{7}{10} \div 3 = \dfrac{7 \times \square}{10 \times \square} \div 3$

$= \dfrac{\square}{\square} \div 3 = \dfrac{\square \div 3}{\square} = \dfrac{\square}{\square}$

4 $\dfrac{8}{9} \div 5 = \dfrac{8 \times \square}{9 \times \square} \div 5$

$= \dfrac{\square}{\square} \div 5 = \dfrac{\square \div 5}{\square} = \dfrac{\square}{\square}$

9 $\dfrac{7}{10} \div 4 = \dfrac{7 \times \square}{10 \times \square} \div 4$

$= \dfrac{\square}{\square} \div 4 = \dfrac{\square \div 4}{\square} = \dfrac{\square}{\square}$

5 $\dfrac{5}{7} \div 2 = \dfrac{5 \times \square}{7 \times \square} \div 2$

$= \dfrac{\square}{\square} \div 2 = \dfrac{\square \div 2}{\square} = \dfrac{\square}{\square}$

10 $\dfrac{5}{8} \div 4 = \dfrac{5 \times \square}{8 \times \square} \div 4$

$= \dfrac{\square}{\square} \div 4 = \dfrac{\square \div 4}{\square} = \dfrac{\square}{\square}$

◆ 나눗셈을 하세요.

⑪ $\dfrac{9}{10} \div 7$

⑫ $\dfrac{7}{10} \div 3$

⑬ $\dfrac{5}{9} \div 3$

⑭ $\dfrac{4}{7} \div 3$

⑮ $\dfrac{7}{9} \div 2$

⑯ $\dfrac{5}{8} \div 2$

⑰ $\dfrac{3}{7} \div 2$

⑱ $\dfrac{9}{10} \div 4$

⑲ $\dfrac{6}{7} \div 5$

⑳ $\dfrac{5}{9} \div 2$

㉑ $\dfrac{5}{6} \div 2$

㉒ $\dfrac{3}{4} \div 2$

㉓ $\dfrac{3}{8} \div 2$

㉔ $\dfrac{3}{10} \div 2$

㉕ $\dfrac{7}{8} \div 3$

㉖ $\dfrac{5}{6} \div 4$

㉗ $\dfrac{7}{8} \div 6$

㉘ $\dfrac{7}{10} \div 6$

㉙ $\dfrac{4}{5} \div 3$

㉚ $\dfrac{5}{7} \div 4$

㉛ $\dfrac{5}{9} \div 4$

06 (분수)÷(자연수)의 계산 방법② 복습 A

💡 ☐ 안에 알맞은 수를 써넣으세요.

1 $\dfrac{7}{9} \div 6 = \dfrac{7}{9} \times \dfrac{\boxed{}}{\boxed{}} = \dfrac{\boxed{}}{\boxed{}}$

6으로 나누는 것은 $\dfrac{1}{6}$ 을 곱하는 것과 같아요.

7 $\dfrac{4}{5} \div 3 = \dfrac{4}{5} \times \dfrac{\boxed{}}{\boxed{}} = \dfrac{\boxed{}}{\boxed{}}$

2 $\dfrac{6}{7} \div 5 = \dfrac{6}{7} \times \dfrac{\boxed{}}{\boxed{}} = \dfrac{\boxed{}}{\boxed{}}$

8 $\dfrac{3}{7} \div 2 = \dfrac{3}{7} \times \dfrac{\boxed{}}{\boxed{}} = \dfrac{\boxed{}}{\boxed{}}$

3 $\dfrac{5}{7} \div 3 = \dfrac{5}{7} \times \dfrac{\boxed{}}{\boxed{}} = \dfrac{\boxed{}}{\boxed{}}$

9 $\dfrac{7}{8} \div 5 = \dfrac{7}{8} \times \dfrac{\boxed{}}{\boxed{}} = \dfrac{\boxed{}}{\boxed{}}$

4 $\dfrac{8}{9} \div 7 = \dfrac{8}{9} \times \dfrac{\boxed{}}{\boxed{}} = \dfrac{\boxed{}}{\boxed{}}$

10 $\dfrac{5}{9} \div 4 = \dfrac{5}{9} \times \dfrac{\boxed{}}{\boxed{}} = \dfrac{\boxed{}}{\boxed{}}$

5 $\dfrac{5}{9} \div 2 = \dfrac{5}{9} \times \dfrac{\boxed{}}{\boxed{}} = \dfrac{\boxed{}}{\boxed{}}$

11 $\dfrac{7}{9} \div 3 = \dfrac{7}{9} \times \dfrac{\boxed{}}{\boxed{}} = \dfrac{\boxed{}}{\boxed{}}$

6 $\dfrac{9}{10} \div 8 = \dfrac{9}{10} \times \dfrac{\boxed{}}{\boxed{}} = \dfrac{\boxed{}}{\boxed{}}$

12 $\dfrac{7}{10} \div 5 = \dfrac{7}{10} \times \dfrac{\boxed{}}{\boxed{}} = \dfrac{\boxed{}}{\boxed{}}$

💡 나눗셈을 하세요.

⑬ $\dfrac{4}{7} \div 3$

⑭ $\dfrac{7}{8} \div 6$

⑮ $\dfrac{7}{9} \div 2$

⑯ $\dfrac{5}{6} \div 3$

⑰ $\dfrac{5}{7} \div 4$

⑱ $\dfrac{5}{6} \div 2$

⑲ $\dfrac{7}{10} \div 3$

⑳ $\dfrac{3}{5} \div 2$

㉑ $\dfrac{5}{9} \div 3$

㉒ $\dfrac{7}{8} \div 4$

㉓ $\dfrac{5}{8} \div 4$

㉔ $\dfrac{5}{8} \div 3$

㉕ $\dfrac{4}{9} \div 3$

㉖ $\dfrac{8}{9} \div 5$

㉗ $\dfrac{5}{7} \div 2$

㉘ $\dfrac{5}{6} \div 4$

㉙ $\dfrac{8}{9} \div 3$

㉚ $\dfrac{3}{4} \div 2$

㉛ $\dfrac{3}{10} \div 2$

㉜ $\dfrac{3}{8} \div 2$

㉝ $\dfrac{7}{10} \div 2$

07 (분수)÷(자연수)의 계산 방법② 복습 B

💡 ☐ 안에 알맞은 수를 써넣으세요.

① $\dfrac{6}{7} \div 12 = \dfrac{6}{7} \times \dfrac{1}{\boxed{}}$

$= \dfrac{1 \times \boxed{}}{7 \times \boxed{}} = \dfrac{\boxed{}}{\boxed{}}$

12를 $\dfrac{1}{12}$로 바꾸어 곱해요.

② $\dfrac{4}{5} \div 8 = \dfrac{4}{5} \times \dfrac{1}{\boxed{}}$

$= \dfrac{1 \times \boxed{}}{5 \times \boxed{}} = \dfrac{\boxed{}}{\boxed{}}$

③ $\dfrac{3}{5} \div 18 = \dfrac{3}{5} \times \dfrac{1}{\boxed{}}$

$= \dfrac{1 \times \boxed{}}{5 \times \boxed{}} = \dfrac{\boxed{}}{\boxed{}}$

④ $\dfrac{3}{4} \div 6 = \dfrac{3}{4} \times \dfrac{1}{\boxed{}}$

$= \dfrac{1 \times \boxed{}}{4 \times \boxed{}} = \dfrac{\boxed{}}{\boxed{}}$

⑤ $\dfrac{5}{6} \div 10 = \dfrac{5}{6} \times \dfrac{1}{\boxed{}}$

$= \dfrac{1 \times \boxed{}}{6 \times \boxed{}} = \dfrac{\boxed{}}{\boxed{}}$

⑥ $\dfrac{3}{7} \div 9 = \dfrac{3}{7} \times \dfrac{1}{\boxed{}}$

$= \dfrac{1 \times \boxed{}}{7 \times \boxed{}} = \dfrac{\boxed{}}{\boxed{}}$

⑦ $\dfrac{8}{9} \div 16 = \dfrac{8}{9} \times \dfrac{1}{\boxed{}}$

$= \dfrac{1 \times \boxed{}}{9 \times \boxed{}} = \dfrac{\boxed{}}{\boxed{}}$

⑧ $\dfrac{5}{6} \div 20 = \dfrac{5}{6} \times \dfrac{1}{\boxed{}}$

$= \dfrac{1 \times \boxed{}}{6 \times \boxed{}} = \dfrac{\boxed{}}{\boxed{}}$

⑨ $\dfrac{5}{7} \div 10 = \dfrac{5}{7} \times \dfrac{1}{\boxed{}}$

$= \dfrac{1 \times \boxed{}}{7 \times \boxed{}} = \dfrac{\boxed{}}{\boxed{}}$

⑩ $\dfrac{3}{7} \div 18 = \dfrac{3}{7} \times \dfrac{1}{\boxed{}}$

$= \dfrac{1 \times \boxed{}}{7 \times \boxed{}} = \dfrac{\boxed{}}{\boxed{}}$

공부한 날짜	맞힌 개수	걸린 시간
월 일	/31	분

◈ 나눗셈을 하세요.

⓫ $\dfrac{4}{9} \div 12$

⓲ $\dfrac{5}{8} \div 10$

㉕ $\dfrac{7}{9} \div 21$

⓬ $\dfrac{4}{7} \div 12$

⓳ $\dfrac{7}{8} \div 14$

㉖ $\dfrac{3}{4} \div 9$

⓭ $\dfrac{3}{4} \div 15$

⓴ $\dfrac{7}{10} \div 28$

㉗ $\dfrac{7}{10} \div 14$

⓮ $\dfrac{3}{8} \div 6$

㉑ $\dfrac{7}{8} \div 21$

㉘ $\dfrac{4}{5} \div 16$

⓯ $\dfrac{3}{8} \div 15$

㉒ $\dfrac{5}{7} \div 20$

㉙ $\dfrac{3}{8} \div 12$

⓰ $\dfrac{5}{9} \div 15$

㉓ $\dfrac{3}{5} \div 12$

㉚ $\dfrac{7}{9} \div 42$

⓱ $\dfrac{8}{9} \div 48$

㉔ $\dfrac{3}{5} \div 6$

㉛ $\dfrac{5}{9} \div 10$

08 (가분수)÷(자연수)

💡 ☐ 안에 알맞은 수를 써넣으세요.

1 $\dfrac{6}{5} \div 5 = \dfrac{6 \times \square}{5 \times \square} \div 5$

$= \dfrac{\square}{\square} \div 5 = \dfrac{\square \div 5}{\square} = \dfrac{\square}{\square}$

분자를 나누는 수의 배수로 바꾸어 계산해요.

2 $\dfrac{8}{3} \div 5 = \dfrac{8 \times \square}{3 \times \square} \div 5$

$= \dfrac{\square}{\square} \div 5 = \dfrac{\square \div 5}{\square} = \dfrac{\square}{\square}$

3 $\dfrac{5}{2} \div 4 = \dfrac{5 \times \square}{2 \times \square} \div 4$

$= \dfrac{\square}{\square} \div 4 = \dfrac{\square \div 4}{\square} = \dfrac{\square}{\square}$

4 $\dfrac{7}{4} \div 3 = \dfrac{7 \times \square}{4 \times \square} \div 3$

$= \dfrac{\square}{\square} \div 3 = \dfrac{\square \div 3}{\square} = \dfrac{\square}{\square}$

5 $\dfrac{7}{5} \div 2 = \dfrac{7 \times \square}{5 \times \square} \div 2$

$= \dfrac{\square}{\square} \div 2 = \dfrac{\square \div 2}{\square} = \dfrac{\square}{\square}$

6 $\dfrac{5}{4} \div 3 = \dfrac{5 \times \square}{4 \times \square} \div 3$

$= \dfrac{\square}{\square} \div 3 = \dfrac{\square \div 3}{\square} = \dfrac{\square}{\square}$

7 $\dfrac{7}{4} \div 3 = \dfrac{7 \times \square}{4 \times \square} \div 3$

$= \dfrac{\square}{\square} \div 3 = \dfrac{\square \div 3}{\square} = \dfrac{\square}{\square}$

8 $\dfrac{7}{3} \div 6 = \dfrac{7 \times \square}{3 \times \square} \div 6$

$= \dfrac{\square}{\square} \div 6 = \dfrac{\square \div 6}{\square} = \dfrac{\square}{\square}$

9 $\dfrac{8}{5} \div 7 = \dfrac{8 \times \square}{5 \times \square} \div 7$

$= \dfrac{\square}{\square} \div 7 = \dfrac{\square \div 7}{\square} = \dfrac{\square}{\square}$

10 $\dfrac{7}{2} \div 6 = \dfrac{7 \times \square}{2 \times \square} \div 6$

$= \dfrac{\square}{\square} \div 6 = \dfrac{\square \div 6}{\square} = \dfrac{\square}{\square}$

💡 나눗셈을 하세요.

⑪ $\dfrac{9}{5} \div 5$

⑫ $\dfrac{7}{3} \div 4$

⑬ $\dfrac{9}{4} \div 8$

⑭ $\dfrac{7}{6} \div 4$

⑮ $\dfrac{7}{5} \div 6$

⑯ $\dfrac{9}{8} \div 4$

⑰ $\dfrac{7}{6} \div 3$

⑱ $\dfrac{8}{7} \div 3$

⑲ $\dfrac{9}{8} \div 8$

⑳ $\dfrac{5}{4} \div 4$

㉑ $\dfrac{9}{2} \div 2$

㉒ $\dfrac{9}{5} \div 4$

㉓ $\dfrac{7}{5} \div 3$

㉔ $\dfrac{8}{7} \div 7$

㉕ $\dfrac{7}{4} \div 4$

㉖ $\dfrac{8}{5} \div 3$

㉗ $\dfrac{7}{2} \div 4$

㉘ $\dfrac{7}{2} \div 2$

㉙ $\dfrac{9}{2} \div 5$

㉚ $\dfrac{5}{3} \div 4$

㉛ $\dfrac{9}{8} \div 7$

09 (가분수) ÷ (자연수)

◈ ☐ 안에 알맞은 수를 써넣으세요.

① $\dfrac{8}{3} \div 3 = \dfrac{8}{3} \times \dfrac{\Box}{\Box} = \dfrac{\Box}{\Box}$

3을 $\dfrac{1}{3}$ 로 바꾸어 곱해요.

② $\dfrac{5}{4} \div 3 = \dfrac{5}{4} \times \dfrac{\Box}{\Box} = \dfrac{\Box}{\Box}$

③ $\dfrac{9}{5} \div 2 = \dfrac{9}{5} \times \dfrac{\Box}{\Box} = \dfrac{\Box}{\Box}$

④ $\dfrac{7}{3} \div 4 = \dfrac{7}{3} \times \dfrac{\Box}{\Box} = \dfrac{\Box}{\Box}$

⑤ $\dfrac{9}{4} \div 8 = \dfrac{9}{4} \times \dfrac{\Box}{\Box} = \dfrac{\Box}{\Box}$

⑥ $\dfrac{7}{6} \div 3 = \dfrac{7}{6} \times \dfrac{\Box}{\Box} = \dfrac{\Box}{\Box}$

⑦ $\dfrac{7}{2} \div 5 = \dfrac{7}{2} \times \dfrac{\Box}{\Box} = \dfrac{\Box}{\Box}$

⑧ $\dfrac{9}{4} \div 5 = \dfrac{9}{4} \times \dfrac{\Box}{\Box} = \dfrac{\Box}{\Box}$

⑨ $\dfrac{7}{5} \div 3 = \dfrac{7}{5} \times \dfrac{\Box}{\Box} = \dfrac{\Box}{\Box}$

⑩ $\dfrac{8}{5} \div 7 = \dfrac{8}{5} \times \dfrac{\Box}{\Box} = \dfrac{\Box}{\Box}$

⑪ $\dfrac{5}{4} \div 4 = \dfrac{5}{4} \times \dfrac{\Box}{\Box} = \dfrac{\Box}{\Box}$

⑫ $\dfrac{9}{7} \div 7 = \dfrac{9}{7} \times \dfrac{\Box}{\Box} = \dfrac{\Box}{\Box}$

⊃ 정답 94쪽

공부한 날짜	맞힌 개수	걸린 시간
월 일	/33	분

💡 나눗셈을 하세요.

⑬ $\dfrac{5}{3} \div 2$

⑳ $\dfrac{9}{8} \div 4$

㉗ $\dfrac{6}{5} \div 5$

⑭ $\dfrac{8}{7} \div 3$

㉑ $\dfrac{7}{6} \div 6$

㉘ $\dfrac{9}{8} \div 7$

⑮ $\dfrac{7}{4} \div 4$

㉒ $\dfrac{9}{4} \div 2$

㉙ $\dfrac{7}{5} \div 4$

⑯ $\dfrac{9}{2} \div 2$

㉓ $\dfrac{5}{3} \div 4$

㉚ $\dfrac{9}{5} \div 7$

⑰ $\dfrac{7}{5} \div 5$

㉔ $\dfrac{9}{2} \div 7$

㉛ $\dfrac{7}{2} \div 6$

⑱ $\dfrac{7}{3} \div 5$

㉕ $\dfrac{8}{7} \div 7$

㉜ $\dfrac{7}{6} \div 4$

⑲ $\dfrac{9}{5} \div 5$

㉖ $\dfrac{5}{2} \div 3$

㉝ $\dfrac{9}{8} \div 2$

10 (가분수)÷(자연수)

복습 C

💡 계산하고 검산하려고 합니다. ☐ 안에 알맞은 수를 써넣으세요.

1 결과 $\dfrac{7}{2} \div 4 = \dfrac{\square}{\square}$

    검산 $\dfrac{\square}{\square} \times \square = \dfrac{7}{2}$

$\dfrac{2}{7} \div 4 = \dfrac{7}{2} \times \dfrac{1}{4} = \dfrac{7}{8}$

5 결과 $\dfrac{8}{5} \div 3 = \dfrac{\square}{\square}$

    검산 $\dfrac{\square}{\square} \times \square = \dfrac{8}{5}$

2 결과 $\dfrac{5}{3} \div 3 = \dfrac{\square}{\square}$

    검산 $\dfrac{\square}{\square} \times \square = \dfrac{5}{3}$

6 결과 $\dfrac{7}{3} \div 5 = \dfrac{\square}{\square}$

    검산 $\dfrac{\square}{\square} \times \square = \dfrac{7}{3}$

3 결과 $\dfrac{9}{7} \div 7 = \dfrac{\square}{\square}$

    검산 $\dfrac{\square}{\square} \times \square = \dfrac{9}{7}$

7 결과 $\dfrac{5}{2} \div 3 = \dfrac{\square}{\square}$

    검산 $\dfrac{\square}{\square} \times \square = \dfrac{5}{2}$

4 결과 $\dfrac{7}{5} \div 5 = \dfrac{\square}{\square}$

    검산 $\dfrac{\square}{\square} \times \square = \dfrac{7}{5}$

8 결과 $\dfrac{9}{4} \div 5 = \dfrac{\square}{\square}$

    검산 $\dfrac{\square}{\square} \times \square = \dfrac{9}{4}$

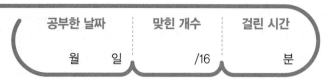

💡 계산하고 검산하려고 합니다. ☐ 안에 알맞은 수를 써넣으세요.

9 결과 $\dfrac{7}{4} \div 6 = \dfrac{\Box}{\Box}$

검산 $\dfrac{\Box}{\Box} \times \Box = \dfrac{7}{4}$

13 결과 $\dfrac{9}{2} \div 4 = \dfrac{\Box}{\Box}$

검산 $\dfrac{\Box}{\Box} \times \Box = \dfrac{9}{2}$

10 결과 $\dfrac{9}{8} \div 7 = \dfrac{\Box}{\Box}$

검산 $\dfrac{\Box}{\Box} \times \Box = \dfrac{9}{8}$

14 결과 $\dfrac{5}{2} \div 3 = \dfrac{\Box}{\Box}$

검산 $\dfrac{\Box}{\Box} \times \Box = \dfrac{5}{2}$

11 결과 $\dfrac{8}{7} \div 3 = \dfrac{\Box}{\Box}$

검산 $\dfrac{\Box}{\Box} \times \Box = \dfrac{8}{7}$

15 결과 $\dfrac{7}{2} \div 5 = \dfrac{\Box}{\Box}$

검산 $\dfrac{\Box}{\Box} \times \Box = \dfrac{7}{2}$

12 결과 $\dfrac{5}{4} \div 4 = \dfrac{\Box}{\Box}$

검산 $\dfrac{\Box}{\Box} \times \Box = \dfrac{5}{4}$

16 결과 $\dfrac{9}{5} \div 7 = \dfrac{\Box}{\Box}$

검산 $\dfrac{\Box}{\Box} \times \Box = \dfrac{9}{5}$

11 (대분수) ÷ (자연수)

복습 A

💡 ☐ 안에 알맞은 수를 써넣으세요.

1 $2\dfrac{1}{3} \div 4 = \dfrac{\boxed{}}{3} \div 4 = \dfrac{\boxed{}}{12} \div 4$

$2\dfrac{1}{3} = \dfrac{7}{3}$

$= \dfrac{7 \times 4}{3 \times 4}$

$= \dfrac{28}{12}$

$= \dfrac{\boxed{} \div 4}{\boxed{}} = \dfrac{\boxed{}}{\boxed{}}$

2 $1\dfrac{1}{2} \div 2 = \dfrac{\boxed{}}{2} \div 2 = \dfrac{\boxed{}}{4} \div 2$

$= \dfrac{\boxed{} \div 2}{\boxed{}} = \dfrac{\boxed{}}{\boxed{}}$

3 $1\dfrac{3}{5} \div 3 = \dfrac{\boxed{}}{5} \div 3 = \dfrac{\boxed{}}{15} \div 3$

$= \dfrac{\boxed{} \div 3}{\boxed{}} = \dfrac{\boxed{}}{\boxed{}}$

4 $1\dfrac{2}{5} \div 6 = \dfrac{\boxed{}}{5} \div 6 = \dfrac{\boxed{}}{30} \div 6$

$= \dfrac{\boxed{} \div 6}{\boxed{}} = \dfrac{\boxed{}}{\boxed{}}$

5 $1\dfrac{1}{2} \div 2 = \dfrac{\boxed{}}{2} \div 2 = \dfrac{\boxed{}}{4} \div 2$

$= \dfrac{\boxed{} \div 2}{\boxed{}} = \dfrac{\boxed{}}{\boxed{}}$

6 $1\dfrac{1}{8} \div 2 = \dfrac{\boxed{}}{8} \div 2 = \dfrac{\boxed{}}{16} \div 2$

$= \dfrac{\boxed{} \div 2}{\boxed{}} = \dfrac{\boxed{}}{\boxed{}}$

7 $1\dfrac{3}{4} \div 3 = \dfrac{\boxed{}}{4} \div 3 = \dfrac{\boxed{}}{12} \div 3$

$= \dfrac{\boxed{} \div 3}{\boxed{}} = \dfrac{\boxed{}}{\boxed{}}$

8 $1\dfrac{2}{5} \div 4 = \dfrac{\boxed{}}{5} \div 4 = \dfrac{\boxed{}}{20} \div 4$

$= \dfrac{\boxed{} \div 4}{\boxed{}} = \dfrac{\boxed{}}{\boxed{}}$

💡 나눗셈을 하세요.

9 $1\dfrac{4}{5} \div 4$

16 $1\dfrac{5}{8} \div 5$

23 $1\dfrac{2}{7} \div 2$

10 $1\dfrac{5}{9} \div 8$

17 $1\dfrac{4}{9} \div 8$

24 $1\dfrac{4}{7} \div 22$

11 $1\dfrac{7}{9} \div 10$

18 $1\dfrac{2}{5} \div 3$

25 $1\dfrac{6}{7} \div 2$

12 $1\dfrac{5}{7} \div 10$

19 $1\dfrac{1}{9} \div 4$

26 $1\dfrac{8}{9} \div 7$

13 $1\dfrac{4}{7} \div 2$

20 $1\dfrac{6}{7} \div 6$

27 $1\dfrac{8}{9} \div 5$

14 $1\dfrac{8}{9} \div 8$

21 $1\dfrac{6}{7} \div 3$

28 $1\dfrac{6}{7} \div 4$

15 $1\dfrac{3}{8} \div 5$

22 $1\dfrac{2}{9} \div 8$

29 $1\dfrac{5}{8} \div 7$

12 (대분수)÷(자연수)

◈ ☐ 안에 알맞은 수를 써넣으세요.

1 $1\dfrac{5}{8} \div 5 = \dfrac{13}{8} \times \dfrac{\square}{\square} = \dfrac{\square}{\square}$

대분수를 가분수로 바꾼 후 5를 $\dfrac{1}{5}$ 로 바꾸어 곱해요.

2 $1\dfrac{3}{5} \div 4 = \dfrac{8}{5} \times \dfrac{\square}{\square} = \dfrac{\square}{\square}$

3 $1\dfrac{5}{7} \div 3 = \dfrac{12}{7} \times \dfrac{\square}{\square} = \dfrac{\square}{\square}$

4 $1\dfrac{3}{4} \div 3 = \dfrac{7}{4} \times \dfrac{\square}{\square} = \dfrac{\square}{\square}$

5 $1\dfrac{4}{9} \div 8 = \dfrac{13}{9} \times \dfrac{\square}{\square} = \dfrac{\square}{\square}$

6 $1\dfrac{3}{8} \div 3 = \dfrac{11}{8} \times \dfrac{\square}{\square} = \dfrac{\square}{\square}$

7 $1\dfrac{2}{7} \div 4 = \dfrac{9}{7} \times \dfrac{\square}{\square} = \dfrac{\square}{\square}$

8 $1\dfrac{2}{9} \div 5 = \dfrac{11}{9} \times \dfrac{\square}{\square} = \dfrac{\square}{\square}$

9 $1\dfrac{3}{5} \div 2 = \dfrac{8}{5} \times \dfrac{\square}{\square} = \dfrac{\square}{\square}$

10 $1\dfrac{5}{9} \div 8 = \dfrac{14}{9} \times \dfrac{\square}{\square} = \dfrac{\square}{\square}$

11 $1\dfrac{6}{7} \div 5 = \dfrac{13}{7} \times \dfrac{\square}{\square} = \dfrac{\square}{\square}$

12 $1\dfrac{4}{9} \div 5 = \dfrac{13}{9} \times \dfrac{\square}{\square} = \dfrac{\square}{\square}$

💡 나눗셈을 하세요.

⑬ $1\dfrac{5}{6} \div 5$

⑭ $1\dfrac{5}{7} \div 6$

⑮ $1\dfrac{2}{9} \div 4$

⑯ $1\dfrac{3}{7} \div 5$

⑰ $1\dfrac{7}{9} \div 4$

⑱ $1\dfrac{7}{9} \div 8$

⑲ $1\dfrac{2}{5} \div 2$

⑳ $1\dfrac{4}{9} \div 2$

㉑ $1\dfrac{2}{3} \div 2$

㉒ $1\dfrac{2}{5} \div 4$

㉓ $1\dfrac{7}{8} \div 5$

㉔ $1\dfrac{4}{7} \div 2$

㉕ $1\dfrac{4}{7} \div 6$

㉖ $1\dfrac{8}{9} \div 5$

㉗ $1\dfrac{3}{7} \div 2$

㉘ $1\dfrac{2}{9} \div 2$

㉙ $1\dfrac{8}{9} \div 2$

㉚ $1\dfrac{2}{7} \div 2$

㉛ $1\dfrac{4}{5} \div 3$

㉜ $1\dfrac{5}{9} \div 4$

㉝ $1\dfrac{4}{7} \div 4$

13 (대분수)÷(자연수)

💡 계산하고 검산하려고 합니다. ☐ 안에 알맞은 수를 써넣으세요.

1 결과 $1\dfrac{5}{8} \div 3 = \dfrac{\boxed{}}{\boxed{}}$

검산 $\dfrac{\boxed{}}{\boxed{}} \times \boxed{} = 1\dfrac{5}{8}$

$1\dfrac{5}{8} \div 3 = \dfrac{13}{8} \times \dfrac{1}{3} = \dfrac{13}{24}$

2 결과 $1\dfrac{2}{3} \div 2 = \dfrac{\boxed{}}{\boxed{}}$

검산 $\dfrac{\boxed{}}{\boxed{}} \times \boxed{} = 1\dfrac{2}{3}$

3 결과 $1\dfrac{5}{7} \div 6 = \dfrac{\boxed{}}{\boxed{}}$

검산 $\dfrac{\boxed{}}{\boxed{}} \times \boxed{} = 1\dfrac{5}{7}$

4 결과 $1\dfrac{2}{5} \div 3 = \dfrac{\boxed{}}{\boxed{}}$

검산 $\dfrac{\boxed{}}{\boxed{}} \times \boxed{} = 1\dfrac{2}{5}$

5 결과 $1\dfrac{3}{4} \div 3 = \dfrac{\boxed{}}{\boxed{}}$

검산 $\dfrac{\boxed{}}{\boxed{}} \times \boxed{} = 1\dfrac{3}{4}$

6 결과 $1\dfrac{3}{7} \div 2 = \dfrac{\boxed{}}{\boxed{}}$

검산 $\dfrac{\boxed{}}{\boxed{}} \times \boxed{} = 1\dfrac{3}{7}$

7 결과 $1\dfrac{3}{5} \div 4 = \dfrac{\boxed{}}{\boxed{}}$

검산 $\dfrac{\boxed{}}{\boxed{}} \times \boxed{} = 1\dfrac{3}{5}$

8 결과 $1\dfrac{4}{9} \div 8 = \dfrac{\boxed{}}{\boxed{}}$

검산 $\dfrac{\boxed{}}{\boxed{}} \times \boxed{} = 1\dfrac{4}{9}$

↪ 정답 95쪽

공부한 날짜	맞힌 개수	걸린 시간
월 일	/16	분

💡 계산하고 검산하려고 합니다. ▢ 안에 알맞은 수를 써넣으세요.

9 결과 $1\dfrac{4}{7} \div 5 = \dfrac{\Box}{\Box}$

검산 $\dfrac{\Box}{\Box} \times \Box = 1\dfrac{4}{7}$

13 결과 $1\dfrac{7}{8} \div 3 = \dfrac{\Box}{\Box}$

검산 $\dfrac{\Box}{\Box} \times \Box = 1\dfrac{7}{8}$

10 결과 $1\dfrac{3}{8} \div 3 = \dfrac{\Box}{\Box}$

검산 $\dfrac{\Box}{\Box} \times \Box = 1\dfrac{3}{8}$

14 결과 $1\dfrac{3}{5} \div 3 = \dfrac{\Box}{\Box}$

검산 $\dfrac{\Box}{\Box} \times \Box = 1\dfrac{3}{5}$

11 결과 $1\dfrac{4}{5} \div 4 = \dfrac{\Box}{\Box}$

검산 $\dfrac{\Box}{\Box} \times \Box = 1\dfrac{4}{5}$

15 결과 $1\dfrac{2}{9} \div 4 = \dfrac{\Box}{\Box}$

검산 $\dfrac{\Box}{\Box} \times \Box = 1\dfrac{2}{9}$

12 결과 $1\dfrac{8}{9} \div 2 = \dfrac{\Box}{\Box}$

검산 $\dfrac{\Box}{\Box} \times \Box = 1\dfrac{8}{9}$

16 결과 $1\dfrac{6}{7} \div 4 = \dfrac{\Box}{\Box}$

검산 $\dfrac{\Box}{\Box} \times \Box = 1\dfrac{6}{7}$

01 (소수)÷(자연수)의 계산 방법① 복습 A

💡 ☐ 안에 알맞은 수를 써넣으세요.

1 924 ÷ 7 = 132

$\downarrow \frac{1}{10}$배 　　　 $\downarrow \frac{1}{10}$배

☐ ÷ 7 = ☐

나누어지는 수가 $\frac{1}{10}$배가 되면 몫도 $\frac{1}{10}$배가 돼요.

6 978 ÷ 6 = 163

$\downarrow \frac{1}{10}$배 　　　 $\downarrow \frac{1}{10}$배

☐ ÷ 6 = ☐

2 984 ÷ 8 = 123

$\downarrow \frac{1}{10}$배 　　　 $\downarrow \frac{1}{10}$배

☐ ÷ 8 = ☐

7 615 ÷ 5 = 123

$\downarrow \frac{1}{10}$배 　　　 $\downarrow \frac{1}{10}$배

☐ ÷ 5 = ☐

3 366 ÷ 2 = 183

$\downarrow \frac{1}{10}$배 　　　 $\downarrow \frac{1}{10}$배

☐ ÷ 2 = ☐

8 736 ÷ 4 = 184

$\downarrow \frac{1}{10}$배 　　　 $\downarrow \frac{1}{10}$배

☐ ÷ 4 = ☐

4 408 ÷ 3 = 136

$\downarrow \frac{1}{10}$배 　　　 $\downarrow \frac{1}{10}$배

☐ ÷ 3 = ☐

9 864 ÷ 2 = 432

$\downarrow \frac{1}{10}$배 　　　 $\downarrow \frac{1}{10}$배

☐ ÷ 2 = ☐

5 264 ÷ 2 = 132

$\downarrow \frac{1}{10}$배 　　　 $\downarrow \frac{1}{10}$배

☐ ÷ 2 = ☐

10 889 ÷ 7 = 127

$\downarrow \frac{1}{10}$배 　　　 $\downarrow \frac{1}{10}$배

☐ ÷ 7 = ☐

◆ 나눗셈을 하세요.

⑪ 57.6 ÷ 4

⑫ 65.5 ÷ 5

⑬ 68.2 ÷ 2

⑭ 95.9 ÷ 7

⑮ 76.4 ÷ 2

⑯ 85.5 ÷ 5

⑰ 96.8 ÷ 8

⑱ 23.8 ÷ 2

⑲ 92.8 ÷ 8

⑳ 99.3 ÷ 3

㉑ 92.8 ÷ 4

㉒ 93.6 ÷ 6

㉓ 62.5 ÷ 5

㉔ 88.4 ÷ 4

㉕ 69.6 ÷ 6

㉖ 95.2 ÷ 4

㉗ 94.5 ÷ 7

㉘ 51.4 ÷ 2

㉙ 33.6 ÷ 3

㉚ 85.2 ÷ 6

㉛ 44.2 ÷ 2

02 (소수)÷(자연수)의 계산 방법① 복습 B

💡 ☐ 안에 알맞은 수를 써넣으세요.

1 805 ÷ 7 = 115

$\downarrow \frac{1}{100}$배　　　$\downarrow \frac{1}{100}$배

☐ ÷ 7 = ☐

나누어지는 수가 $\frac{1}{100}$배가 되면 몫도 $\frac{1}{100}$배가 돼요.

6 874 ÷ 2 = 437

$\downarrow \frac{1}{100}$배　　　$\downarrow \frac{1}{100}$배

☐ ÷ 2 = ☐

2 996 ÷ 3 = 332

$\downarrow \frac{1}{100}$배　　　$\downarrow \frac{1}{100}$배

☐ ÷ 3 = ☐

7 888 ÷ 4 = 222

$\downarrow \frac{1}{100}$배　　　$\downarrow \frac{1}{100}$배

☐ ÷ 4 = ☐

3 492 ÷ 2 = 246

$\downarrow \frac{1}{100}$배　　　$\downarrow \frac{1}{100}$배

☐ ÷ 2 = ☐

8 912 ÷ 6 = 152

$\downarrow \frac{1}{100}$배　　　$\downarrow \frac{1}{100}$배

☐ ÷ 6 = ☐

4 992 ÷ 8 = 124

$\downarrow \frac{1}{100}$배　　　$\downarrow \frac{1}{100}$배

☐ ÷ 8 = ☐

9 861 ÷ 7 = 123

$\downarrow \frac{1}{100}$배　　　$\downarrow \frac{1}{100}$배

☐ ÷ 7 = ☐

5 996 ÷ 4 = 249

$\downarrow \frac{1}{100}$배　　　$\downarrow \frac{1}{100}$배

☐ ÷ 4 = ☐

10 573 ÷ 3 = 191

$\downarrow \frac{1}{100}$배　　　$\downarrow \frac{1}{100}$배

☐ ÷ 3 = ☐

공부한 날짜	맞힌 개수	걸린 시간
월 일	/31	분

💡 나눗셈을 하세요.

⑪ 3.75 ÷ 3

⑫ 6.92 ÷ 4

⑬ 7.35 ÷ 5

⑭ 4.38 ÷ 2

⑮ 9.76 ÷ 8

⑯ 9.72 ÷ 4

⑰ 8.96 ÷ 7

⑱ 9.24 ÷ 6

⑲ 8.84 ÷ 2

⑳ 9.66 ÷ 7

㉑ 6.84 ÷ 6

㉒ 8.12 ÷ 7

㉓ 6.08 ÷ 4

㉔ 3.84 ÷ 2

㉕ 5.85 ÷ 5

㉖ 2.86 ÷ 2

㉗ 9.57 ÷ 3

㉘ 9.12 ÷ 8

㉙ 8.45 ÷ 5

㉚ 6.78 ÷ 2

㉛ 7.72 ÷ 4

03 (소수)÷(자연수)의 계산 방법② 복습 A

◇ ☐ 안에 알맞은 수를 써넣으세요.

1 $6.75 \div 5 = \dfrac{\boxed{}}{100} \div 5$

$= \dfrac{\boxed{} \div 5}{100} = \dfrac{\boxed{}}{100} = \boxed{}$

분수와 자연수의 나눗셈으로 계산할 수 있어요.

2 $5.76 \div 4 = \dfrac{\boxed{}}{100} \div 4$

$= \dfrac{\boxed{} \div 4}{100} = \dfrac{\boxed{}}{100} = \boxed{}$

3 $8.61 \div 7 = \dfrac{\boxed{}}{100} \div 7$

$= \dfrac{\boxed{} \div 7}{100} = \dfrac{\boxed{}}{100} = \boxed{}$

4 $8.52 \div 6 = \dfrac{\boxed{}}{100} \div 6$

$= \dfrac{\boxed{} \div 6}{100} = \dfrac{\boxed{}}{100} = \boxed{}$

5 $5.74 \div 2 = \dfrac{\boxed{}}{100} \div 2$

$= \dfrac{\boxed{} \div 2}{100} = \dfrac{\boxed{}}{100} = \boxed{}$

6 $9.93 \div 3 = \dfrac{\boxed{}}{100} \div 3$

$= \dfrac{\boxed{} \div 3}{100} = \dfrac{\boxed{}}{100} = \boxed{}$

7 $6.42 \div 2 = \dfrac{\boxed{}}{100} \div 2$

$= \dfrac{\boxed{} \div 2}{100} = \dfrac{\boxed{}}{100} = \boxed{}$

8 $5.73 \div 3 = \dfrac{\boxed{}}{100} \div 3$

$= \dfrac{\boxed{} \div 3}{100} = \dfrac{\boxed{}}{100} = \boxed{}$

9 $5.85 \div 5 = \dfrac{\boxed{}}{100} \div 5$

$= \dfrac{\boxed{} \div 5}{100} = \dfrac{\boxed{}}{100} = \boxed{}$

10 $9.28 \div 8 = \dfrac{\boxed{}}{100} \div 8$

$= \dfrac{\boxed{} \div 8}{100} = \dfrac{\boxed{}}{100} = \boxed{}$

💡 나눗셈을 하세요.

11 4.08 ÷ 3

12 9.31 ÷ 7

13 9.72 ÷ 4

14 9.45 ÷ 5

15 8.92 ÷ 2

16 8.52 ÷ 2

17 9.76 ÷ 8

18 9.52 ÷ 8

19 3.08 ÷ 2

20 2.38 ÷ 2

21 7.38 ÷ 6

22 8.44 ÷ 4

23 9.59 ÷ 7

24 9.35 ÷ 5

25 9.15 ÷ 5

26 9.36 ÷ 6

27 8.88 ÷ 8

28 7.02 ÷ 3

29 9.94 ÷ 7

30 7.36 ÷ 4

31 9.24 ÷ 7

04 (소수)÷(자연수)의 계산 방법② 복습 B

💡 나눗셈을 하세요.

1

$7\overline{)8.54}$

몫의 소수점의 위치는 나누어
지는 수의 소수점 위치와 같게
찍어요.

4

$2\overline{)8.74}$

7

$6\overline{)9.72}$

2

$3\overline{)6.69}$

5

$8\overline{)8.96}$

8

$5\overline{)8.55}$

3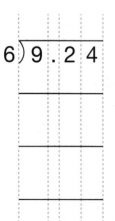

$6\overline{)9.24}$

6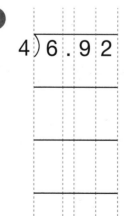

$4\overline{)6.92}$

9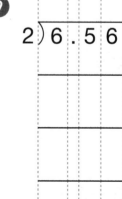

$2\overline{)6.56}$

공부한 날짜	맞힌 개수	걸린 시간
월 일	/27	분

💡 나눗셈을 하세요.

⑩
$$5 \overline{)7.25}$$

⑯
$$2 \overline{)3.34}$$

㉒
$$2 \overline{)6.32}$$

⑪
$$3 \overline{)9.72}$$

⑰
$$6 \overline{)6.96}$$

㉓
$$4 \overline{)8.76}$$

⑫
$$7 \overline{)8.89}$$

⑱
$$2 \overline{)4.92}$$

㉔
$$5 \overline{)9.55}$$

⑬
$$7 \overline{)9.66}$$

⑲
$$2 \overline{)3.56}$$

㉕
$$3 \overline{)3.75}$$

⑭
$$2 \overline{)2.48}$$

⑳
$$5 \overline{)5.95}$$

㉖
$$6 \overline{)7.86}$$

⑮
$$5 \overline{)7.55}$$

㉑
$$4 \overline{)8.88}$$

㉗
$$7 \overline{)8.96}$$

05 몫이 1보다 작은 (소수)÷(자연수)

복습 A

◈ ☐ 안에 알맞은 수를 써넣으세요.

1 $3.84 \div 4 = \dfrac{\boxed{}}{100} \div 4$

$= \dfrac{\boxed{} \div 4}{100} = \dfrac{\boxed{}}{100} = \boxed{}$

분수와 자연수의 나눗셈으로 계산할 수 있어요.

2 $1.38 \div 6 = \dfrac{\boxed{}}{100} \div 6$

$= \dfrac{\boxed{} \div 6}{100} = \dfrac{\boxed{}}{100} = \boxed{}$

3 $1.24 \div 2 = \dfrac{\boxed{}}{100} \div 2$

$= \dfrac{\boxed{} \div 2}{100} = \dfrac{\boxed{}}{100} = \boxed{}$

4 $3.76 \div 4 = \dfrac{\boxed{}}{100} \div 4$

$= \dfrac{\boxed{} \div 4}{100} = \dfrac{\boxed{}}{100} = \boxed{}$

5 $2.66 \div 7 = \dfrac{\boxed{}}{100} \div 7$

$= \dfrac{\boxed{} \div 7}{100} = \dfrac{\boxed{}}{100} = \boxed{}$

6 $1.41 \div 3 = \dfrac{\boxed{}}{100} \div 3$

$= \dfrac{\boxed{} \div 3}{100} = \dfrac{\boxed{}}{100} = \boxed{}$

7 $2.49 \div 3 = \dfrac{\boxed{}}{100} \div 3$

$= \dfrac{\boxed{} \div 3}{100} = \dfrac{\boxed{}}{100} = \boxed{}$

8 $3.99 \div 7 = \dfrac{\boxed{}}{100} \div 7$

$= \dfrac{\boxed{} \div 7}{100} = \dfrac{\boxed{}}{100} = \boxed{}$

9 $5.39 \div 7 = \dfrac{\boxed{}}{100} \div 7$

$= \dfrac{\boxed{} \div 7}{100} = \dfrac{\boxed{}}{100} = \boxed{}$

10 $1.78 \div 2 = \dfrac{\boxed{}}{100} \div 2$

$= \dfrac{\boxed{} \div 2}{100} = \dfrac{\boxed{}}{100} = \boxed{}$

💡 나눗셈을 하세요.

⓫ 3.68 ÷ 4

⓭ 4.16 ÷ 8

⓭ 3.52 ÷ 8

⓮ 4.08 ÷ 6

⓯ 1.44 ÷ 4

⓰ 2.94 ÷ 3

⓱ 1.84 ÷ 8

⓲ 1.52 ÷ 2

⓳ 2.64 ÷ 4

⓴ 1.74 ÷ 2

㉑ 1.56 ÷ 6

㉒ 2.16 ÷ 8

㉓ 1.75 ÷ 7

㉔ 4.32 ÷ 6

㉕ 1.56 ÷ 2

㉖ 4.95 ÷ 5

㉗ 2.97 ÷ 9

㉘ 4.32 ÷ 6

㉙ 6.56 ÷ 8

㉚ 4.95 ÷ 9

㉛ 4.32 ÷ 9

06 몫이 1보다 작은 (소수)÷(자연수)

💡 ☐ 안에 알맞은 수를 써넣으세요.

1 657 ÷ 9 = 73

↓ $\frac{1}{100}$배   ↓ $\frac{1}{100}$배

☐ ÷ 9 = ☐

나누어지는 수가 $\frac{1}{100}$배가 되면 몫도 $\frac{1}{100}$배가 돼요.

6 504 ÷ 6 = 84

↓ $\frac{1}{100}$배   ↓ $\frac{1}{100}$배

☐ ÷ 6 = ☐

2 582 ÷ 6 = 97

↓ $\frac{1}{100}$배   ↓ $\frac{1}{100}$배

☐ ÷ 6 = ☐

7 423 ÷ 9 = 47

↓ $\frac{1}{100}$배   ↓ $\frac{1}{100}$배

☐ ÷ 9 = ☐

3 528 ÷ 8 = 66

↓ $\frac{1}{100}$배   ↓ $\frac{1}{100}$배

☐ ÷ 8 = ☐

8 125 ÷ 5 = 25

↓ $\frac{1}{100}$배   ↓ $\frac{1}{100}$배

☐ ÷ 5 = ☐

4 783 ÷ 9 = 87

↓ $\frac{1}{100}$배   ↓ $\frac{1}{100}$배

☐ ÷ 9 = ☐

9 364 ÷ 7 = 52

↓ $\frac{1}{100}$배   ↓ $\frac{1}{100}$배

☐ ÷ 7 = ☐

5 248 ÷ 4 = 62

↓ $\frac{1}{100}$배   ↓ $\frac{1}{100}$배

☐ ÷ 4 = ☐

10 128 ÷ 4 = 32

↓ $\frac{1}{100}$배   ↓ $\frac{1}{100}$배

☐ ÷ 4 = ☐

◆ 나눗셈을 하세요.

11 4.62 ÷ 6

12 2.25 ÷ 3

13 1.72 ÷ 4

14 2.16 ÷ 4

15 1.82 ÷ 7

16 5.12 ÷ 8

17 5.88 ÷ 7

18 4.77 ÷ 9

19 5.25 ÷ 7

20 5.16 ÷ 6

21 2.64 ÷ 8

22 6.93 ÷ 7

23 3.36 ÷ 8

24 2.03 ÷ 7

25 7.38 ÷ 9

26 2.96 ÷ 8

27 1.54 ÷ 7

28 2.88 ÷ 4

29 3.78 ÷ 6

30 5.58 ÷ 6

31 2.76 ÷ 6

07 몫이 1보다 작은 (소수)÷(자연수)

◆ 나눗셈을 하세요.

1

$$2 \overline{)1.84}$$

몫의 소수점의 위치는 나누어지는
수의 소수점 위치와 같게 찍어요.

2

$$5 \overline{)4.15}$$

3

$$7 \overline{)2.52}$$

4

$$4 \overline{)3.32}$$

5

$$3 \overline{)2.07}$$

6

$$8 \overline{)4.56}$$

7

$$2 \overline{)1.56}$$

8

$$7 \overline{)1.68}$$

9

$$4 \overline{)1.56}$$

10

$$2 \overline{)1.16}$$

11

$$8 \overline{)3.84}$$

12

$$3 \overline{)2.01}$$

공부한 날짜	맞힌 개수	걸린 시간
월 일	/30	분

◈ 나눗셈을 하세요.

13 $2\overline{)1.38}$

14 $9\overline{)6.21}$

15 $4\overline{)1.48}$

16 $7\overline{)6.65}$

17 $6\overline{)1.62}$

18 $7\overline{)4.48}$

19 $5\overline{)2.15}$

20 $7\overline{)5.11}$

21 $6\overline{)5.22}$

22 $8\overline{)4.72}$

23 $3\overline{)2.22}$

24 $8\overline{)6.96}$

25 $6\overline{)4.74}$

26 $8\overline{)3.04}$

27 $7\overline{)6.79}$

28 $8\overline{)7.44}$

29 $3\overline{)1.47}$

30 $4\overline{)1.84}$

08 소수점 아래 0을 내려 계산하는 (소수)÷(자연수)

💡 ☐ 안에 알맞은 수를 써넣으세요.

❶ $7.7 \div 2 = \dfrac{\boxed{}}{100} \div 2 = \dfrac{\boxed{} \div 2}{100}$

$= \dfrac{\boxed{}}{100} = \boxed{}$

$\dfrac{77}{10}$ 을 $\dfrac{770}{100}$ 으로 고쳐서 계산해요.

❷ $6.7 \div 5 = \dfrac{\boxed{}}{100} \div 5 = \dfrac{\boxed{} \div 5}{100}$

$= \dfrac{\boxed{}}{100} = \boxed{}$

❸ $2.9 \div 2 = \dfrac{\boxed{}}{100} \div 2 = \dfrac{\boxed{} \div 2}{100}$

$= \dfrac{\boxed{}}{100} = \boxed{}$

❹ $9.9 \div 2 = \dfrac{\boxed{}}{100} \div 2 = \dfrac{\boxed{} \div 2}{100}$

$= \dfrac{\boxed{}}{100} = \boxed{}$

❺ $7.7 \div 5 = \dfrac{\boxed{}}{100} \div 5 = \dfrac{\boxed{} \div 5}{100}$

$= \dfrac{\boxed{}}{100} = \boxed{}$

❻ $3.1 \div 2 = \dfrac{\boxed{}}{100} \div 2 = \dfrac{\boxed{} \div 2}{100}$

$= \dfrac{\boxed{}}{100} = \boxed{}$

❼ $5.9 \div 2 = \dfrac{\boxed{}}{100} \div 2 = \dfrac{\boxed{} \div 2}{100}$

$= \dfrac{\boxed{}}{100} = \boxed{}$

❽ $7.8 \div 4 = \dfrac{\boxed{}}{100} \div 4 = \dfrac{\boxed{} \div 4}{100}$

$= \dfrac{\boxed{}}{100} = \boxed{}$

❾ $5.8 \div 5 = \dfrac{\boxed{}}{100} \div 5 = \dfrac{\boxed{} \div 5}{100}$

$= \dfrac{\boxed{}}{100} = \boxed{}$

❿ $7.4 \div 4 = \dfrac{\boxed{}}{100} \div 4 = \dfrac{\boxed{} \div 4}{100}$

$= \dfrac{\boxed{}}{100} = \boxed{}$

공부한 날짜	맞힌 개수	걸린 시간
월 일	/31	분

💡 나눗셈을 하세요.

⑪ 9.4 ÷ 4

⑱ 5.6 ÷ 5

㉕ 9.7 ÷ 2

⑫ 8.7 ÷ 6

⑲ 6.7 ÷ 2

㉖ 7.9 ÷ 5

⑬ 5.1 ÷ 2

⑳ 8.1 ÷ 5

㉗ 7.1 ÷ 2

⑭ 3.9 ÷ 2

㉑ 9.1 ÷ 2

㉘ 7.2 ÷ 5

⑮ 5.9 ÷ 5

㉒ 8.3 ÷ 5

㉙ 6.9 ÷ 6

⑯ 6.2 ÷ 4

㉓ 6.3 ÷ 2

㉚ 8.4 ÷ 5

⑰ 8.3 ÷ 2

㉔ 8.7 ÷ 2

㉛ 5.3 ÷ 2

09 소수점 아래 0을 내려 계산하는 (소수)÷(자연수) 복습

💡 ☐ 안에 알맞은 수를 써넣으세요.

① 640 ÷ 5 = 128

↓ $\frac{1}{100}$배   ↓ $\frac{1}{100}$배

☐ ÷ 5 = ☐

나누어지는 수가 $\frac{1}{100}$배가 되면 몫도 $\frac{1}{100}$배가 돼요.

⑥ 940 ÷ 4 = 235

↓ $\frac{1}{100}$배   ↓ $\frac{1}{100}$배

☐ ÷ 4 = ☐

② 350 ÷ 2 = 175

↓ $\frac{1}{100}$배   ↓ $\frac{1}{100}$배

☐ ÷ 2 = ☐

⑦ 830 ÷ 2 = 415

↓ $\frac{1}{100}$배   ↓ $\frac{1}{100}$배

☐ ÷ 2 = ☐

③ 740 ÷ 4 = 185

↓ $\frac{1}{100}$배   ↓ $\frac{1}{100}$배

☐ ÷ 4 = ☐

⑧ 570 ÷ 5 = 114

↓ $\frac{1}{100}$배   ↓ $\frac{1}{100}$배

☐ ÷ 5 = ☐

④ 570 ÷ 2 = 285

↓ $\frac{1}{100}$배   ↓ $\frac{1}{100}$배

☐ ÷ 2 = ☐

⑨ 310 ÷ 2 = 155

↓ $\frac{1}{100}$배   ↓ $\frac{1}{100}$배

☐ ÷ 2 = ☐

⑤ 580 ÷ 4 = 145

↓ $\frac{1}{100}$배   ↓ $\frac{1}{100}$배

☐ ÷ 4 = ☐

⑩ 690 ÷ 2 = 345

↓ $\frac{1}{100}$배   ↓ $\frac{1}{100}$배

☐ ÷ 2 = ☐

	공부한 날짜	맞힌 개수	걸린 시간
	월 일	/31	분

◆ 나눗셈을 하세요.

⑪ 6.6 ÷ 4

⑫ 9.9 ÷ 2

⑬ 6.9 ÷ 5

⑭ 5.3 ÷ 2

⑮ 9.7 ÷ 2

⑯ 6.6 ÷ 5

⑰ 6.3 ÷ 5

⑱ 6.3 ÷ 2

⑲ 4.7 ÷ 2

⑳ 5.8 ÷ 5

㉑ 6.7 ÷ 2

㉒ 7.9 ÷ 2

㉓ 8.7 ÷ 2

㉔ 8.6 ÷ 4

㉕ 7.8 ÷ 5

㉖ 7.6 ÷ 5

㉗ 7.5 ÷ 2

㉘ 7.1 ÷ 5

㉙ 4.5 ÷ 2

㉚ 7.8 ÷ 4

㉛ 5.9 ÷ 2

10 소수점 아래 0을 내려 계산하는 (소수) ÷ (자연수)

💡 나눗셈을 하세요.

①

$$2\overline{)4.5}$$

계산이 끝나지 않으면 0을
하나 내려 계산해요.

②

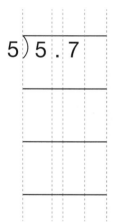

$$5\overline{)5.7}$$

③

$$2\overline{)3.9}$$

④

$$4\overline{)6.6}$$

⑤

$$2\overline{)7.7}$$

⑥

$$5\overline{)6.2}$$

⑦

$$2\overline{)5.9}$$

⑧

$$5\overline{)7.7}$$

⑨

$$2\overline{)5.1}$$

공부한 날짜	맞힌 개수	걸린 시간
월 일	/27	분

◆ 나눗셈을 하세요.

10
$$2 \overline{)9.9}$$

11
$$8 \overline{)9.2}$$

12
$$2 \overline{)5.7}$$

13
$$2 \overline{)3.3}$$

14
$$5 \overline{)5.6}$$

15
$$2 \overline{)6.7}$$

16
$$5 \overline{)7.9}$$

17
$$2 \overline{)9.5}$$

18
$$6 \overline{)7.5}$$

19
$$2 \overline{)4.9}$$

20
$$6 \overline{)8.1}$$

21
$$5 \overline{)7.2}$$

22
$$2 \overline{)7.3}$$

23
$$6 \overline{)8.7}$$

24
$$2 \overline{)3.1}$$

25
$$5 \overline{)8.2}$$

26
$$5 \overline{)5.8}$$

27
$$2 \overline{)4.3}$$

11 몫의 소수 첫째 자리에 0이 있는 (소수)÷(자연수) 복습 A

💡 □ 안에 알맞은 수를 써넣으세요.

1 $6.1 \div 2 = \dfrac{\boxed{}}{100} \div 2 = \dfrac{\boxed{} \div 2}{100}$

$= \dfrac{\boxed{}}{100} = \boxed{}$

$\dfrac{61}{10}$ 을 $\dfrac{610}{100}$ 으로 고쳐서 계산해요.

2 $5.1 \div 5 = \dfrac{\boxed{}}{100} \div 5 = \dfrac{\boxed{} \div 5}{100}$

$= \dfrac{\boxed{}}{100} = \boxed{}$

3 $6.3 \div 6 = \dfrac{\boxed{}}{100} \div 6 = \dfrac{\boxed{} \div 6}{100}$

$= \dfrac{\boxed{}}{100} = \boxed{}$

4 $5.3 \div 5 = \dfrac{\boxed{}}{100} \div 5 = \dfrac{\boxed{} \div 5}{100}$

$= \dfrac{\boxed{}}{100} = \boxed{}$

5 $4.1 \div 2 = \dfrac{\boxed{}}{100} \div 2 = \dfrac{\boxed{} \div 2}{100}$

$= \dfrac{\boxed{}}{100} = \boxed{}$

6 $8.1 \div 2 = \dfrac{\boxed{}}{100} \div 2 = \dfrac{\boxed{} \div 2}{100}$

$= \dfrac{\boxed{}}{100} = \boxed{}$

7 $4.2 \div 4 = \dfrac{\boxed{}}{100} \div 4 = \dfrac{\boxed{} \div 4}{100}$

$= \dfrac{\boxed{}}{100} = \boxed{}$

8 $5.2 \div 5 = \dfrac{\boxed{}}{100} \div 5 = \dfrac{\boxed{} \div 5}{100}$

$= \dfrac{\boxed{}}{100} = \boxed{}$

9 $2.1 \div 2 = \dfrac{\boxed{}}{100} \div 2 = \dfrac{\boxed{} \div 2}{100}$

$= \dfrac{\boxed{}}{100} = \boxed{}$

10 $5.4 \div 5 = \dfrac{\boxed{}}{100} \div 5 = \dfrac{\boxed{} \div 5}{100}$

$= \dfrac{\boxed{}}{100} = \boxed{}$

◆ 💡 ☐ 안에 알맞은 수를 써넣으세요.

⓫ $8.2 \div 4 = \dfrac{\boxed{}}{100} \div 4 = \dfrac{\boxed{} \div 4}{100}$

$= \dfrac{\boxed{}}{100} = \boxed{}$

⓰ $4.2 \div 4 = \dfrac{\boxed{}}{100} \div 4 = \dfrac{\boxed{} \div 4}{100}$

$= \dfrac{\boxed{}}{100} = \boxed{}$

⓬ $8.4 \div 8 = \dfrac{\boxed{}}{100} \div 8 = \dfrac{\boxed{} \div 8}{100}$

$= \dfrac{\boxed{}}{100} = \boxed{}$

⓱ $5.1 \div 5 = \dfrac{\boxed{}}{100} \div 5 = \dfrac{\boxed{} \div 5}{100}$

$= \dfrac{\boxed{}}{100} = \boxed{}$

⓭ $6.1 \div 2 = \dfrac{\boxed{}}{100} \div 2 = \dfrac{\boxed{} \div 2}{100}$

$= \dfrac{\boxed{}}{100} = \boxed{}$

⓲ $2.1 \div 2 = \dfrac{\boxed{}}{100} \div 2 = \dfrac{\boxed{} \div 2}{100}$

$= \dfrac{\boxed{}}{100} = \boxed{}$

⓮ $4.1 \div 2 = \dfrac{\boxed{}}{100} \div 2 = \dfrac{\boxed{} \div 2}{100}$

$= \dfrac{\boxed{}}{100} = \boxed{}$

⓳ $6.3 \div 6 = \dfrac{\boxed{}}{100} \div 6 = \dfrac{\boxed{} \div 6}{100}$

$= \dfrac{\boxed{}}{100} = \boxed{}$

⓯ $8.1 \div 2 = \dfrac{\boxed{}}{100} \div 2 = \dfrac{\boxed{} \div 2}{100}$

$= \dfrac{\boxed{}}{100} = \boxed{}$

⓴ $5.2 \div 5 = \dfrac{\boxed{}}{100} \div 5 = \dfrac{\boxed{} \div 5}{100}$

$= \dfrac{\boxed{}}{100} = \boxed{}$

12 몫의 소수 첫째 자리에 0이 있는 (소수)÷(자연수)

💡 ☐ 안에 알맞은 수를 써넣으세요.

① 510 ÷ 5 = 102

↓ $\frac{1}{100}$배   ↓ $\frac{1}{100}$배

☐ ÷ 5 = ☐

나누어지는 수가 $\frac{1}{100}$배가 되면 몫도 $\frac{1}{100}$배가 돼요.

② 420 ÷ 4 = 105

↓ $\frac{1}{100}$배   ↓ $\frac{1}{100}$배

☐ ÷ 4 = ☐

③ 210 ÷ 2 = 105

↓ $\frac{1}{100}$배   ↓ $\frac{1}{100}$배

☐ ÷ 2 = ☐

④ 630 ÷ 6 = 105

↓ $\frac{1}{100}$배   ↓ $\frac{1}{100}$배

☐ ÷ 6 = ☐

⑤ 520 ÷ 5 = 104

↓ $\frac{1}{100}$배   ↓ $\frac{1}{100}$배

☐ ÷ 5 = ☐

⑥ 530 ÷ 5 = 106

↓ $\frac{1}{100}$배   ↓ $\frac{1}{100}$배

☐ ÷ 5 = ☐

⑦ 540 ÷ 5 = 108

↓ $\frac{1}{100}$배   ↓ $\frac{1}{100}$배

☐ ÷ 5 = ☐

⑧ 810 ÷ 2 = 405

↓ $\frac{1}{100}$배   ↓ $\frac{1}{100}$배

☐ ÷ 2 = ☐

⑨ 840 ÷ 8 = 105

↓ $\frac{1}{100}$배   ↓ $\frac{1}{100}$배

☐ ÷ 8 = ☐

⑩ 820 ÷ 4 = 205

↓ $\frac{1}{100}$배   ↓ $\frac{1}{100}$배

☐ ÷ 4 = ☐

💡 ☐ 안에 알맞은 수를 써넣으세요.

11 $410 \div 2 = 205$

$\downarrow \frac{1}{100}$배 $\downarrow \frac{1}{100}$배

☐ $\div 2 =$ ☐

16 $610 \div 2 = 305$

$\downarrow \frac{1}{100}$배 $\downarrow \frac{1}{100}$배

☐ $\div 2 =$ ☐

12 $420 \div 4 = 105$

$\downarrow \frac{1}{100}$배 $\downarrow \frac{1}{100}$배

☐ $\div 4 =$ ☐

17 $210 \div 2 = 105$

$\downarrow \frac{1}{100}$배 $\downarrow \frac{1}{100}$배

☐ $\div 2 =$ ☐

13 $510 \div 5 = 102$

$\downarrow \frac{1}{100}$배 $\downarrow \frac{1}{100}$배

☐ $\div 5 =$ ☐

18 $810 \div 2 = 405$

$\downarrow \frac{1}{100}$배 $\downarrow \frac{1}{100}$배

☐ $\div 2 =$ ☐

14 $530 \div 5 = 106$

$\downarrow \frac{1}{100}$배 $\downarrow \frac{1}{100}$배

☐ $\div 5 =$ ☐

19 $630 \div 6 = 105$

$\downarrow \frac{1}{100}$배 $\downarrow \frac{1}{100}$배

☐ $\div 6 =$ ☐

15 $840 \div 8 = 105$

$\downarrow \frac{1}{100}$배 $\downarrow \frac{1}{100}$배

☐ $\div 8 =$ ☐

20 $540 \div 5 = 108$

$\downarrow \frac{1}{100}$배 $\downarrow \frac{1}{100}$배

☐ $\div 5 =$ ☐

13 몫의 소수 첫째 자리에 0이 있는 (소수)÷(자연수) 복습 C

💠 나눗셈을 하세요.

1
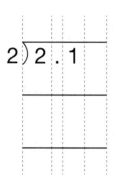
$$2 \overline{)2\,.\,1}$$

나눌 수 없으면 몫에 0을
쓰고 수를 하나 더 내려 써요.

2
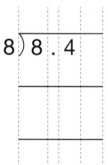
$$8 \overline{)8\,.\,4}$$

3
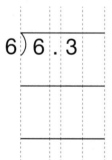
$$6 \overline{)6\,.\,3}$$

4
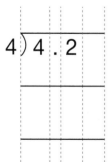
$$4 \overline{)4\,.\,2}$$

5
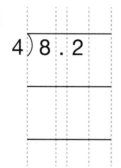
$$4 \overline{)8\,.\,2}$$

6
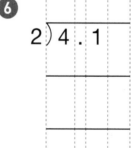
$$2 \overline{)4\,.\,1}$$

7
$$5 \overline{)5\,.\,1}$$

8
$$5 \overline{)5\,.\,4}$$

9

$$2 \overline{)6\,.\,1}$$

10
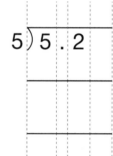
$$5 \overline{)5\,.\,2}$$

11
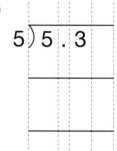
$$5 \overline{)5\,.\,3}$$

12
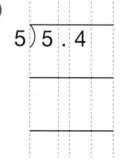
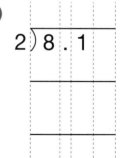
$$2 \overline{)8\,.\,1}$$

◈ 나눗셈을 하세요.

13

$4\overline{)4.2}$

14

$2\overline{)2.1}$

15

$2\overline{)8.1}$

16

$8\overline{)8.4}$

17

$2\overline{)6.1}$

18

$2\overline{)6.1}$

19

$5\overline{)5.3}$

20

$5\overline{)5.2}$

21

$6\overline{)6.3}$

22

$4\overline{)8.2}$

23

$5\overline{)5.1}$

24

$4\overline{)8.2}$

25

$5\overline{)5.4}$

26

$2\overline{)4.1}$

27

$4\overline{)4.2}$

14 (자연수)÷(자연수)의 몫을 소수로 나타내기 복습

💡 ☐ 안에 알맞은 수를 써넣으세요.

1 $27 \div 5 = \dfrac{27}{5} = \dfrac{\boxed{}}{10} = \boxed{}$

$\dfrac{27}{5}$ 을 $\dfrac{54}{10}$ 로 고쳐준 후 소수로 바꿔요.

2 $13 \div 2 = \dfrac{13}{2} = \dfrac{\boxed{}}{10} = \boxed{}$

3 $24 \div 5 = \dfrac{24}{5} = \dfrac{\boxed{}}{10} = \boxed{}$

4 $41 \div 2 = \dfrac{41}{2} = \dfrac{\boxed{}}{10} = \boxed{}$

5 $49 \div 5 = \dfrac{49}{5} = \dfrac{\boxed{}}{10} = \boxed{}$

6 $49 \div 2 = \dfrac{49}{2} = \dfrac{\boxed{}}{10} = \boxed{}$

7 $43 \div 2 = \dfrac{43}{2} = \dfrac{\boxed{}}{10} = \boxed{}$

8 $36 \div 5 = \dfrac{36}{5} = \dfrac{\boxed{}}{10} = \boxed{}$

9 $29 \div 2 = \dfrac{29}{2} = \dfrac{\boxed{}}{10} = \boxed{}$

10 $43 \div 5 = \dfrac{43}{5} = \dfrac{\boxed{}}{10} = \boxed{}$

11 $17 \div 2 = \dfrac{17}{2} = \dfrac{\boxed{}}{10} = \boxed{}$

12 $14 \div 5 = \dfrac{14}{5} = \dfrac{\boxed{}}{10} = \boxed{}$

◈ 나눗셈을 하세요.

13 33 ÷ 5

20 23 ÷ 2

27 41 ÷ 5

14 31 ÷ 5

21 13 ÷ 5

28 38 ÷ 5

15 3 ÷ 2

22 29 ÷ 5

29 39 ÷ 2

16 7 ÷ 2

23 26 ÷ 5

30 23 ÷ 5

17 11 ÷ 2

24 19 ÷ 2

31 35 ÷ 2

18 9 ÷ 2

25 37 ÷ 2

32 42 ÷ 5

19 32 ÷ 5

26 7 ÷ 5

33 12 ÷ 5

15 (자연수)÷(자연수)의 몫을 소수로 나타내기 복습 B

💡 ☐ 안에 알맞은 수를 써넣으세요.

1 350 ÷ 2 = 175

$\downarrow \frac{1}{10}$배 $\downarrow \frac{1}{10}$배

☐ ÷ 2 = ☐

나누어지는 수가 $\frac{1}{10}$배가 되면 몫도 $\frac{1}{10}$배가 돼요.

6 290 ÷ 5 = 58

$\downarrow \frac{1}{10}$배 $\downarrow \frac{1}{10}$배

☐ ÷ 5 = ☐

2 70 ÷ 5 = 14

$\downarrow \frac{1}{10}$배 $\downarrow \frac{1}{10}$배

☐ ÷ 5 = ☐

7 50 ÷ 2 = 25

$\downarrow \frac{1}{10}$배 $\downarrow \frac{1}{10}$배

☐ ÷ 2 = ☐

3 430 ÷ 2 = 215

$\downarrow \frac{1}{10}$배 $\downarrow \frac{1}{10}$배

☐ ÷ 2 = ☐

8 130 ÷ 5 = 26

$\downarrow \frac{1}{10}$배 $\downarrow \frac{1}{10}$배

☐ ÷ 5 = ☐

4 90 ÷ 5 = 18

$\downarrow \frac{1}{10}$배 $\downarrow \frac{1}{10}$배

☐ ÷ 5 = ☐

9 470 ÷ 2 = 235

$\downarrow \frac{1}{10}$배 $\downarrow \frac{1}{10}$배

☐ ÷ 2 = ☐

5 150 ÷ 2 = 75

$\downarrow \frac{1}{10}$배 $\downarrow \frac{1}{10}$배

☐ ÷ 2 = ☐

10 430 ÷ 5 = 86

$\downarrow \frac{1}{10}$배 $\downarrow \frac{1}{10}$배

☐ ÷ 5 = ☐

◈ 나눗셈을 하세요.

⑪ $29 \div 2$

⑱ $32 \div 5$

㉕ $49 \div 5$

⑫ $14 \div 5$

⑲ $21 \div 5$

㉖ $33 \div 2$

⑬ $23 \div 5$

⑳ $11 \div 2$

㉗ $18 \div 5$

⑭ $27 \div 2$

㉑ $37 \div 5$

㉘ $27 \div 5$

⑮ $41 \div 5$

㉒ $37 \div 2$

㉙ $19 \div 2$

⑯ $34 \div 5$

㉓ $47 \div 5$

㉚ $41 \div 2$

⑰ $7 \div 2$

㉔ $31 \div 2$

㉛ $21 \div 2$

16 (자연수)÷(자연수)의 몫을 소수로 나타내기 복습 C

2. 소수의 나눗셈

💡 나눗셈을 하세요.

1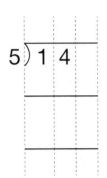

계산이 끝나지 않으면 0을 하나 내려 계산해요.

2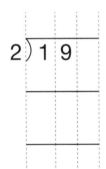

3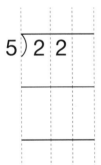

4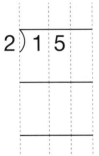

5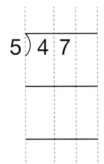

6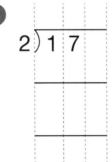

7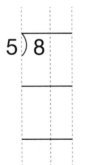

8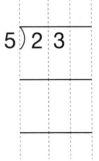

9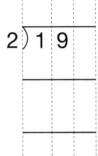

10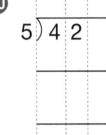

11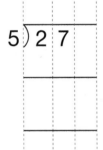

12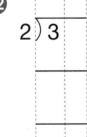

◆ 나눗셈을 하세요.

13
$2 \overline{)7}$

14
$5 \overline{)19}$

15
$2 \overline{)15}$

16
$5 \overline{)32}$

17
$2 \overline{)23}$

18
$5 \overline{)9}$

19
$2 \overline{)11}$

20
$5 \overline{)12}$

21
$5 \overline{)26}$

22
$5 \overline{)28}$

23
$2 \overline{)31}$

24
$5 \overline{)17}$

25
$2 \overline{)41}$

26
$2 \overline{)49}$

27
$5 \overline{)48}$

01 비 구하기

◈ ☐ 안에 알맞은 수를 써넣으세요.

1 1 : 4 ➡
- ☐ 대 ☐
- ☐ 과 ☐ 의 비
- ☐ 에 대한 ☐ 의 비
- ☐ 의 ☐ 에 대한 비

5 6 : 2 ➡
- ☐ 대 ☐
- ☐ 과 ☐ 의 비
- ☐ 에 대한 ☐ 의 비
- ☐ 의 ☐ 에 대한 비

2 9 : 5 ➡
- ☐ 대 ☐
- ☐ 와 ☐ 의 비
- ☐ 에 대한 ☐ 의 비
- ☐ 의 ☐ 에 대한 비

6 3 : 7 ➡
- ☐ 대 ☐
- ☐ 과 ☐ 의 비
- ☐ 에 대한 ☐ 의 비
- ☐ 의 ☐ 에 대한 비

3 7 : 3 ➡
- ☐ 대 ☐
- ☐ 과 ☐ 의 비
- ☐ 에 대한 ☐ 의 비
- ☐ 의 ☐ 에 대한 비

7 4 : 5 ➡
- ☐ 대 ☐
- ☐ 와 ☐ 의 비
- ☐ 에 대한 ☐ 의 비
- ☐ 의 ☐ 에 대한 비

4 2 : 5 ➡
- ☐ 대 ☐
- ☐ 와 ☐ 의 비
- ☐ 에 대한 ☐ 의 비
- ☐ 의 ☐ 에 대한 비

8 8 : 6 ➡
- ☐ 대 ☐
- ☐ 과 ☐ 의 비
- ☐ 에 대한 ☐ 의 비
- ☐ 의 ☐ 에 대한 비

💡 ☐ 안에 알맞은 수를 써넣으세요.

9 5:3 ➡
- ☐ 대 ☐
- ☐ 와 ☐ 의 비
- ☐ 에 대한 ☐ 의 비
- ☐ 의 ☐ 에 대한 비

13 1:7 ➡
- ☐ 대 ☐
- ☐ 과 ☐ 의 비
- ☐ 에 대한 ☐ 의 비
- ☐ 의 ☐ 에 대한 비

10 2:6 ➡
- ☐ 대 ☐
- ☐ 와 ☐ 의 비
- ☐ 에 대한 ☐ 의 비
- ☐ 의 ☐ 에 대한 비

14 6:7 ➡
- ☐ 대 ☐
- ☐ 과 ☐ 의 비
- ☐ 에 대한 ☐ 의 비
- ☐ 의 ☐ 에 대한 비

11 8:4 ➡
- ☐ 대 ☐
- ☐ 과 ☐ 의 비
- ☐ 에 대한 ☐ 의 비
- ☐ 의 ☐ 에 대한 비

15 9:1 ➡
- ☐ 대 ☐
- ☐ 와 ☐ 의 비
- ☐ 에 대한 ☐ 의 비
- ☐ 의 ☐ 에 대한 비

12 7:8 ➡
- ☐ 대 ☐
- ☐ 과 ☐ 의 비
- ☐ 에 대한 ☐ 의 비
- ☐ 의 ☐ 에 대한 비

16 3:2 ➡
- ☐ 대 ☐
- ☐ 과 ☐ 의 비
- ☐ 에 대한 ☐ 의 비
- ☐ 의 ☐ 에 대한 비

02 비 구하기

💡 그림을 보고 ☐ 안에 알맞은 수를 써넣으세요.

1 ♣ ♣ ♣ ♦ ♦ ♦ ♦ ♦ ♦ ♦ ♦ ♦

♣의 수와 ♦의 수의 개수의 비 ➡ ☐ : ☐

♦의 수와 ♣의 수의 개수의 비 ➡ ☐ : ☐

2 ♣ ♣ ♣ ♣ ♣ ♣ ♣
♦ ♦ ♦ ♦ ♦ ♦ ♦ ♦ ♦

♣의 수와 ♦의 수의 개수의 비 ➡ ☐ : ☐

♦의 수와 ♣의 수의 개수의 비 ➡ ☐ : ☐

3 ♣ ♦ ♦ ♦ ♦ ♦ ♦ ♦

♣의 수와 ♦의 수의 개수의 비 ➡ ☐ : ☐

♦의 수와 ♣의 수의 개수의 비 ➡ ☐ : ☐

4 ♣ ♣ ♣ ♣ ♣ ♣ ♣ ♦ ♦ ♦

♣의 수와 ♦의 수의 개수의 비 ➡ ☐ : ☐

♦의 수와 ♣의 수의 개수의 비 ➡ ☐ : ☐

5 ♣ ♣ ♦

♣의 수와 ♦의 수의 개수의 비 ➡ ☐ : ☐

♦의 수와 ♣의 수의 개수의 비 ➡ ☐ : ☐

6 ♣ ♣ ♣ ♣ ♦ ♦ ♦ ♦ ♦ ♦ ♦ ♦

♣의 수와 ♦의 수의 개수의 비 ➡ ☐ : ☐

♦의 수와 ♣의 수의 개수의 비 ➡ ☐ : ☐

7 ♣ ♣ ♣ ♣ ♣ ♣ ♣
♦ ♦ ♦ ♦ ♦ ♦ ♦ ♦ ♦

♣의 수와 ♦의 수의 개수의 비 ➡ ☐ : ☐

♦의 수와 ♣의 수의 개수의 비 ➡ ☐ : ☐

8 ♣ ♦ ♦

♣의 수와 ♦의 수의 개수의 비 ➡ ☐ : ☐

♦의 수와 ♣의 수의 개수의 비 ➡ ☐ : ☐

9 ♣ ♣ ♣ ♣ ♣ ♣ ♣ ♣ ♦ ♦

♣의 수와 ♦의 수의 개수의 비 ➡ ☐ : ☐

♦의 수와 ♣의 수의 개수의 비 ➡ ☐ : ☐

10 ♣ ♣ ♣ ♣ ♣ ♣
♦ ♦ ♦ ♦ ♦ ♦ ♦ ♦ ♦

♣의 수와 ♦의 수의 개수의 비 ➡ ☐ : ☐

♦의 수와 ♣의 수의 개수의 비 ➡ ☐ : ☐

정답 100쪽

공부한 날짜	맞힌 개수	걸린 시간
월 일	/26	분

□ 안에 알맞은 수를 써넣으세요.

⑪ 2에 대한 7의 비 ➡ □:□

⑫ 5에 대한 7의 비 ➡ □:□

⑬ 4에 대한 5의 비 ➡ □:□

⑭ 9에 대한 3의 비 ➡ □:□

⑮ 6에 대한 8의 비 ➡ □:□

⑯ 3에 대한 6의 비 ➡ □:□

⑰ 1에 대한 8의 비 ➡ □:□

⑱ 7에 대한 2의 비 ➡ □:□

⑲ 6에 대한 3의 비 ➡ □:□

⑳ 1에 대한 5의 비 ➡ □:□

㉑ 7에 대한 5의 비 ➡ □:□

㉒ 3에 대한 2의 비 ➡ □:□

㉓ 2에 대한 4의 비 ➡ □:□

㉔ 5에 대한 3의 비 ➡ □:□

㉕ 8에 대한 4의 비 ➡ □:□

㉖ 4에 대한 9의 비 ➡ □:□

03 비율 구하기

◇ ☐ 안에 알맞은 수를 써넣으세요.

1 5:2
- 기준량: ☐
- 비교하는 양: ☐

2 1:6
- 기준량: ☐
- 비교하는 양: ☐

3 8:3
- 기준량: ☐
- 비교하는 양: ☐

4 9:5
- 기준량: ☐
- 비교하는 양: ☐

5 7:8
- 기준량: ☐
- 비교하는 양: ☐

6 7:6
- 기준량: ☐
- 비교하는 양: ☐

7 9:4
- 기준량: ☐
- 비교하는 양: ☐

8 3:4
- 기준량: ☐
- 비교하는 양: ☐

9 6:7
- 기준량: ☐
- 비교하는 양: ☐

10 8:9
- 기준량: ☐
- 비교하는 양: ☐

11 2:8
- 기준량: ☐
- 비교하는 양: ☐

12 9:7
- 기준량: ☐
- 비교하는 양: ☐

13 4:1
- 기준량: ☐
- 비교하는 양: ☐

14 6:9
- 기준량: ☐
- 비교하는 양: ☐

15 3:9
- 기준량: ☐
- 비교하는 양: ☐

정답 100쪽

공부한 날짜	맞힌 개수	걸린 시간
월 일	/30	분

□ 안에 알맞은 수를 써넣으세요.

⑯ 4:7
- 기준량: □
- 비교하는 양: □

㉑ 1:3
- 기준량: □
- 비교하는 양: □

㉖ 5:9
- 기준량: □
- 비교하는 양: □

⑰ 9:1
- 기준량: □
- 비교하는 양: □

㉒ 8:7
- 기준량: □
- 비교하는 양: □

㉗ 3:8
- 기준량: □
- 비교하는 양: □

⑱ 2:3
- 기준량: □
- 비교하는 양: □

㉓ 7:9
- 기준량: □
- 비교하는 양: □

㉘ 2:6
- 기준량: □
- 비교하는 양: □

⑲ 5:1
- 기준량: □
- 비교하는 양: □

㉔ 6:1
- 기준량: □
- 비교하는 양: □

㉙ 4:3
- 기준량: □
- 비교하는 양: □

⑳ 1:9
- 기준량: □
- 비교하는 양: □

㉕ 8:1
- 기준량: □
- 비교하는 양: □

㉚ 6:4
- 기준량: □
- 비교하는 양: □

04 비율 구하기

◆ ☐ 안에 알맞은 수를 써넣으세요.

1 17 : 20

분수: ☐/☐ , 소수: ☐

$17 \div 20 = \dfrac{17}{20} = \dfrac{85}{100}$ ➡ 0.85

2 2 : 5

분수: ☐/☐ , 소수: ☐

3 12 : 20

분수: ☐/☐ , 소수: ☐

4 6 : 10

분수: ☐/☐ , 소수: ☐

5 10 : 20

분수: ☐/☐ , 소수: ☐

6 2 : 10

분수: ☐/☐ , 소수: ☐

7 2 : 50

분수: ☐/☐ , 소수: ☐

8 13 : 20

분수: ☐/☐ , 소수: ☐

9 5 : 50

분수: ☐/☐ , 소수: ☐

10 4 : 10

분수: ☐/☐ , 소수: ☐

11 7 : 10

분수: ☐/☐ , 소수: ☐

12 9 : 10

분수: ☐/☐ , 소수: ☐

13 14 : 50

분수: ☐/☐ , 소수: ☐

14 4 : 5

분수: ☐/☐ , 소수: ☐

15 19 : 20

분수: ☐/☐ , 소수: ☐

공부한 날짜	맞힌 개수	걸린 시간
월 일	/30	분

◈ ☐ 안에 알맞은 수를 써넣으세요.

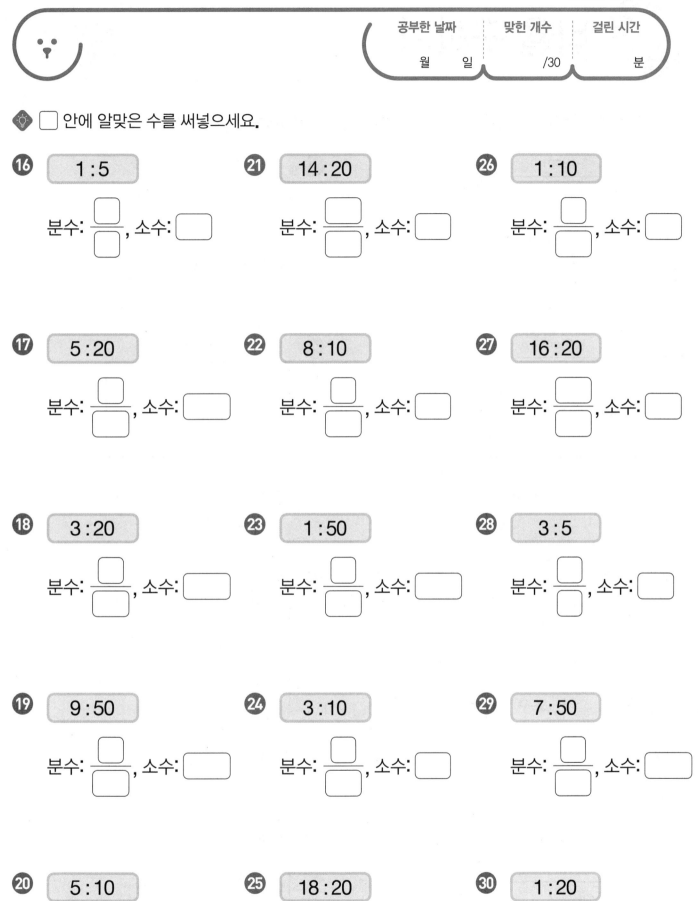

16 1 : 5

분수: ☐/☐ , 소수: ☐

21 14 : 20

분수: ☐/☐ , 소수: ☐

26 1 : 10

분수: ☐/☐ , 소수: ☐

17 5 : 20

분수: ☐/☐ , 소수: ☐

22 8 : 10

분수: ☐/☐ , 소수: ☐

27 16 : 20

분수: ☐/☐ , 소수: ☐

18 3 : 20

분수: ☐/☐ , 소수: ☐

23 1 : 50

분수: ☐/☐ , 소수: ☐

28 3 : 5

분수: ☐/☐ , 소수: ☐

19 9 : 50

분수: ☐/☐ , 소수: ☐

24 3 : 10

분수: ☐/☐ , 소수: ☐

29 7 : 50

분수: ☐/☐ , 소수: ☐

20 5 : 10

분수: ☐/☐ , 소수: ☐

25 18 : 20

분수: ☐/☐ , 소수: ☐

30 1 : 20

분수: ☐/☐ , 소수: ☐

05 비율 구하기

◇ 가로에 대한 세로의 비율을 구하려고 합니다. ☐ 안에 알맞은 수를 써넣으세요.

1
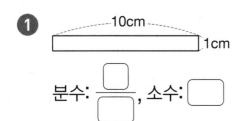

분수: $\dfrac{\square}{\square}$, 소수: $\square$

2
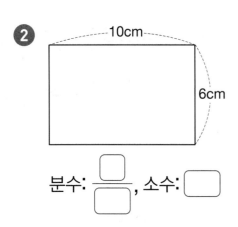

분수: $\dfrac{\square}{\square}$, 소수: $\square$

3
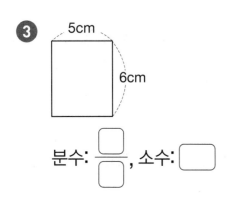

분수: $\dfrac{\square}{\square}$, 소수: $\square$

4
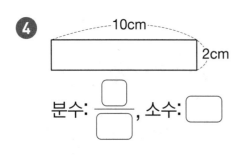

분수: $\dfrac{\square}{\square}$, 소수: $\square$

5
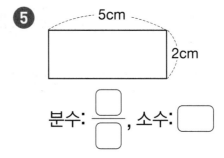

분수: $\dfrac{\square}{\square}$, 소수: $\square$

6
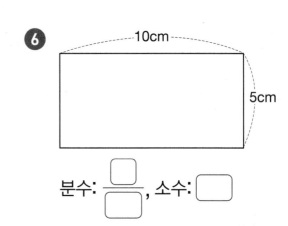

분수: $\dfrac{\square}{\square}$, 소수: $\square$

7
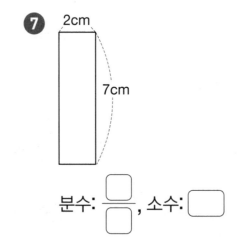

분수: $\dfrac{\square}{\square}$, 소수: $\square$

8
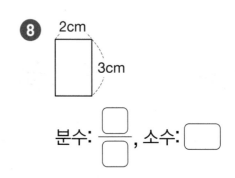

분수: $\dfrac{\square}{\square}$, 소수: $\square$

◈ 가로에 대한 세로의 비율을 구하려고 합니다. ☐ 안에 알맞은 수를 써넣으세요.

9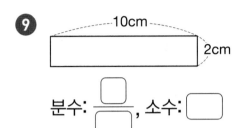

분수: ☐/☐ , 소수: ☐

13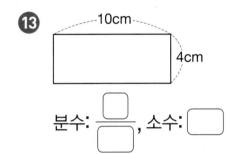

분수: ☐/☐ , 소수: ☐

10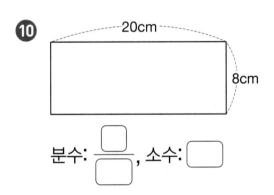

분수: ☐/☐ , 소수: ☐

14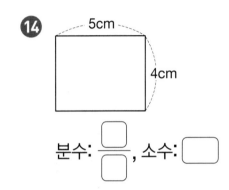

분수: ☐/☐ , 소수: ☐

11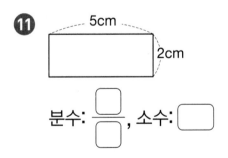

분수: ☐/☐ , 소수: ☐

15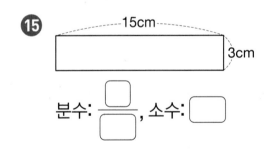

분수: ☐/☐ , 소수: ☐

12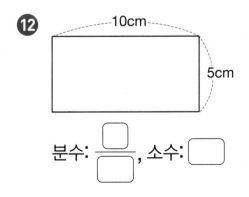

분수: ☐/☐ , 소수: ☐

16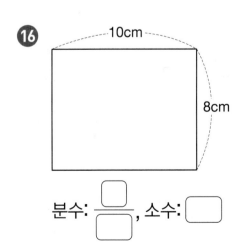

분수: ☐/☐ , 소수: ☐

06 비율을 백분율로 나타내기

💡 ☐ 안에 알맞은 수를 써넣으세요.

1 $\dfrac{3}{4}$ ➡ ☐ %

$\dfrac{3}{4} = \dfrac{3 \times 25}{4 \times 25} = \dfrac{75}{100}$ ➡ 75 %

2 $\dfrac{5}{10}$ ➡ ☐ %

3 $\dfrac{2}{10}$ ➡ ☐ %

4 $\dfrac{2}{4}$ ➡ ☐ %

5 $\dfrac{1}{10}$ ➡ ☐ %

6 $\dfrac{8}{10}$ ➡ ☐ %

7 $\dfrac{6}{10}$ ➡ ☐ %

8 $\dfrac{9}{10}$ ➡ ☐ %

9 $\dfrac{1}{5}$ ➡ ☐ %

10 $\dfrac{4}{5}$ ➡ ☐ %

11 $\dfrac{3}{5}$ ➡ ☐ %

12 $\dfrac{2}{5}$ ➡ ☐ %

13 $\dfrac{4}{10}$ ➡ ☐ %

14 $\dfrac{3}{10}$ ➡ ☐ %

15 $\dfrac{4}{10}$ ➡ ☐ %

16 $\dfrac{1}{4}$ ➡ ☐ %

17 $\dfrac{1}{2}$ ➡ ☐ %

18 $\dfrac{7}{10}$ ➡ ☐ %

◆ 비율을 백분율로 나타내는 과정입니다. ☐ 안에 알맞은 수를 써넣으세요.

⑲ $3:10$ ➡ $\dfrac{3}{10} = \dfrac{3 \times \boxed{}}{10 \times \boxed{}} = \dfrac{\boxed{}}{100}$

➡ $\boxed{}$ %

㉔ $2:5$ ➡ $\dfrac{2}{5} = \dfrac{2 \times \boxed{}}{5 \times \boxed{}} = \dfrac{\boxed{}}{100}$

➡ $\boxed{}$ %

⑳ $3:4$ ➡ $\dfrac{3}{4} = \dfrac{3 \times \boxed{}}{4 \times \boxed{}} = \dfrac{\boxed{}}{100}$

➡ $\boxed{}$ %

㉕ $1:5$ ➡ $\dfrac{1}{5} = \dfrac{1 \times \boxed{}}{5 \times \boxed{}} = \dfrac{\boxed{}}{100}$

➡ $\boxed{}$ %

㉑ $1:2$ ➡ $\dfrac{1}{2} = \dfrac{1 \times \boxed{}}{2 \times \boxed{}} = \dfrac{\boxed{}}{100}$

➡ $\boxed{}$ %

㉖ $3:5$ ➡ $\dfrac{3}{5} = \dfrac{3 \times \boxed{}}{5 \times \boxed{}} = \dfrac{\boxed{}}{100}$

➡ $\boxed{}$ %

㉒ $2:10$ ➡ $\dfrac{2}{10} = \dfrac{2 \times \boxed{}}{10 \times \boxed{}} = \dfrac{\boxed{}}{100}$

➡ $\boxed{}$ %

㉗ $2:4$ ➡ $\dfrac{2}{4} = \dfrac{2 \times \boxed{}}{4 \times \boxed{}} = \dfrac{\boxed{}}{100}$

➡ $\boxed{}$ %

㉓ $7:10$ ➡ $\dfrac{7}{10} = \dfrac{7 \times \boxed{}}{10 \times \boxed{}} = \dfrac{\boxed{}}{100}$

➡ $\boxed{}$ %

㉘ $8:10$ ➡ $\dfrac{8}{10} = \dfrac{8 \times \boxed{}}{10 \times \boxed{}} = \dfrac{\boxed{}}{100}$

➡ $\boxed{}$ %

07 비율을 백분율로 나타내기

💡 비율을 백분율로 나타내는 과정입니다. ☐ 안에 알맞은 수를 써넣으세요.

❶ $\dfrac{1}{10}$ ➡ $\dfrac{1}{10} \times$ ☐ = ☐ (%)

❽ $\dfrac{3}{5}$ ➡ $\dfrac{3}{5} \times$ ☐ = ☐ (%)

❷ $\dfrac{7}{10}$ ➡ $\dfrac{7}{10} \times$ ☐ = ☐ (%)

❾ $\dfrac{2}{5}$ ➡ $\dfrac{2}{5} \times$ ☐ = ☐ (%)

❸ $\dfrac{1}{4}$ ➡ $\dfrac{1}{4} \times$ ☐ = ☐ (%)

❿ $\dfrac{4}{10}$ ➡ $\dfrac{4}{10} \times$ ☐ = ☐ (%)

❹ $\dfrac{2}{4}$ ➡ $\dfrac{2}{4} \times$ ☐ = ☐ (%)

⓫ $\dfrac{1}{5}$ ➡ $\dfrac{1}{5} \times$ ☐ = ☐ (%)

❺ $\dfrac{3}{4}$ ➡ $\dfrac{3}{4} \times$ ☐ = ☐ (%)

⓬ $\dfrac{5}{10}$ ➡ $\dfrac{5}{10} \times$ ☐ = ☐ (%)

❻ $\dfrac{1}{2}$ ➡ $\dfrac{1}{2} \times$ ☐ = ☐ (%)

⓭ $\dfrac{4}{5}$ ➡ $\dfrac{4}{5} \times$ ☐ = ☐ (%)

❼ $\dfrac{2}{10}$ ➡ $\dfrac{2}{10} \times$ ☐ = ☐ (%)

⓮ $\dfrac{6}{10}$ ➡ $\dfrac{6}{10} \times$ ☐ = ☐ (%)

◆ 비율을 백분율로 나타내는 과정입니다. ☐ 안에 알맞은 수를 써넣으세요.

15 $\frac{1}{2}$ ➡ $\frac{1}{2} \times$ ☐ $=$ ☐ (%)

22 $\frac{4}{5}$ ➡ $\frac{4}{5} \times$ ☐ $=$ ☐ (%)

16 $\frac{3}{4}$ ➡ $\frac{3}{4} \times$ ☐ $=$ ☐ (%)

23 $\frac{9}{10}$ ➡ $\frac{9}{10} \times$ ☐ $=$ ☐ (%)

17 $\frac{3}{10}$ ➡ $\frac{3}{10} \times$ ☐ $=$ ☐ (%)

24 $\frac{1}{5}$ ➡ $\frac{1}{5} \times$ ☐ $=$ ☐ (%)

18 $\frac{1}{10}$ ➡ $\frac{1}{10} \times$ ☐ $=$ ☐ (%)

25 $\frac{3}{5}$ ➡ $\frac{3}{5} \times$ ☐ $=$ ☐ (%)

19 $\frac{2}{5}$ ➡ $\frac{2}{5} \times$ ☐ $=$ ☐ (%)

26 $\frac{8}{10}$ ➡ $\frac{8}{10} \times$ ☐ $=$ ☐ (%)

20 $\frac{1}{4}$ ➡ $\frac{1}{4} \times$ ☐ $=$ ☐ (%)

27 $\frac{2}{10}$ ➡ $\frac{2}{10} \times$ ☐ $=$ ☐ (%)

21 $\frac{5}{10}$ ➡ $\frac{5}{10} \times$ ☐ $=$ ☐ (%)

28 $\frac{2}{4}$ ➡ $\frac{2}{4} \times$ ☐ $=$ ☐ (%)

08 백분율을 비로 나타내기

백분율을 비로 나타내는 과정입니다. ☐ 안에 알맞은 수를 써넣으세요.

❶ 40% ➡ $\dfrac{\boxed{}}{100}$ ➡ $\boxed{}$: 100

❼ 21% ➡ $\dfrac{\boxed{}}{100}$ ➡ $\boxed{}$: 100

❷ 7% ➡ $\dfrac{\boxed{}}{100}$ ➡ $\boxed{}$: 100

❽ 33% ➡ $\dfrac{\boxed{}}{100}$ ➡ $\boxed{}$: 100

❸ 96% ➡ $\dfrac{\boxed{}}{100}$ ➡ $\boxed{}$: 100

❾ 56% ➡ $\dfrac{\boxed{}}{100}$ ➡ $\boxed{}$: 100

❹ 82% ➡ $\dfrac{\boxed{}}{100}$ ➡ $\boxed{}$: 100

❿ 64% ➡ $\dfrac{\boxed{}}{100}$ ➡ $\boxed{}$: 100

❺ 85% ➡ $\dfrac{\boxed{}}{100}$ ➡ $\boxed{}$: 100

⓫ 10% ➡ $\dfrac{\boxed{}}{100}$ ➡ $\boxed{}$: 100

❻ 72% ➡ $\dfrac{\boxed{}}{100}$ ➡ $\boxed{}$: 100

⓬ 73% ➡ $\dfrac{\boxed{}}{100}$ ➡ $\boxed{}$: 100

◆ 백분율을 비로 나타내는 과정입니다. ☐ 안에 알맞은 수를 써넣으세요.

⑬ 66% ▸ $\dfrac{\boxed{}}{100}$ ▸ $\boxed{}$: 100

⑲ 6% ▸ $\dfrac{\boxed{}}{100}$ ▸ $\boxed{}$: 100

⑭ 58% ▸ $\dfrac{\boxed{}}{100}$ ▸ $\boxed{}$: 100

⑳ 1% ▸ $\dfrac{\boxed{}}{100}$ ▸ $\boxed{}$: 100

⑮ 26% ▸ $\dfrac{\boxed{}}{100}$ ▸ $\boxed{}$: 100

㉑ 46% ▸ $\dfrac{\boxed{}}{100}$ ▸ $\boxed{}$: 100

⑯ 91% ▸ $\dfrac{\boxed{}}{100}$ ▸ $\boxed{}$: 100

㉒ 15% ▸ $\dfrac{\boxed{}}{100}$ ▸ $\boxed{}$: 100

⑰ 38% ▸ $\dfrac{\boxed{}}{100}$ ▸ $\boxed{}$: 100

㉓ 87% ▸ $\dfrac{\boxed{}}{100}$ ▸ $\boxed{}$: 100

⑱ 13% ▸ $\dfrac{\boxed{}}{100}$ ▸ $\boxed{}$: 100

㉔ 75% ▸ $\dfrac{\boxed{}}{100}$ ▸ $\boxed{}$: 100

09 백분율을 비로 나타내기

◈ 백분율을 비로 나타내는 과정입니다. ☐ 안에 알맞은 수를 써넣으세요.

1 10% ➡ $\dfrac{\boxed{}}{100} = \dfrac{\boxed{}}{\boxed{}}$ ➡ ☐ : ☐

기약분수로 나타냅니다.

7 80% ➡ $\dfrac{\boxed{}}{100} = \dfrac{\boxed{}}{\boxed{}}$ ➡ ☐ : ☐

2 75% ➡ $\dfrac{\boxed{}}{100} = \dfrac{\boxed{}}{\boxed{}}$ ➡ ☐ : ☐

8 25% ➡ $\dfrac{\boxed{}}{100} = \dfrac{\boxed{}}{\boxed{}}$ ➡ ☐ : ☐

3 70% ➡ $\dfrac{\boxed{}}{100} = \dfrac{\boxed{}}{\boxed{}}$ ➡ ☐ : ☐

9 60% ➡ $\dfrac{\boxed{}}{100} = \dfrac{\boxed{}}{\boxed{}}$ ➡ ☐ : ☐

4 90% ➡ $\dfrac{\boxed{}}{100} = \dfrac{\boxed{}}{\boxed{}}$ ➡ ☐ : ☐

10 50% ➡ $\dfrac{\boxed{}}{100} = \dfrac{\boxed{}}{\boxed{}}$ ➡ ☐ : ☐

5 20% ➡ $\dfrac{\boxed{}}{100} = \dfrac{\boxed{}}{\boxed{}}$ ➡ ☐ : ☐

11 40% ➡ $\dfrac{\boxed{}}{100} = \dfrac{\boxed{}}{\boxed{}}$ ➡ ☐ : ☐

6 30% ➡ $\dfrac{\boxed{}}{100} = \dfrac{\boxed{}}{\boxed{}}$ ➡ ☐ : ☐

12 45% ➡ $\dfrac{\boxed{}}{100} = \dfrac{\boxed{}}{\boxed{}}$ ➡ ☐ : ☐

공부한 날짜	맞힌 개수	걸린 시간
월 일	/24	분

◈ 백분율을 비로 나타내는 과정입니다. ☐ 안에 알맞은 수를 써넣으세요.

⑬ 15% ➡ $\dfrac{\boxed{}}{100} = \dfrac{\boxed{}}{\boxed{}}$ ➡ $\boxed{} : \boxed{}$

⑲ 34% = $\dfrac{\boxed{}}{100} = \dfrac{\boxed{}}{\boxed{}}$ ➡ $\boxed{} : \boxed{}$

⑭ 42% ➡ $\dfrac{\boxed{}}{100} = \dfrac{\boxed{}}{\boxed{}}$ ➡ $\boxed{} : \boxed{}$

⑳ 36% = $\dfrac{\boxed{}}{100} = \dfrac{\boxed{}}{\boxed{}}$ ➡ $\boxed{} : \boxed{}$

⑮ 4% ➡ $\dfrac{\boxed{}}{100} = \dfrac{\boxed{}}{\boxed{}}$ ➡ $\boxed{} : \boxed{}$

㉑ 5% = $\dfrac{\boxed{}}{100} = \dfrac{\boxed{}}{\boxed{}}$ ➡ $\boxed{} : \boxed{}$

⑯ 85% ➡ $\dfrac{\boxed{}}{100} = \dfrac{\boxed{}}{\boxed{}}$ ➡ $\boxed{} : \boxed{}$

㉒ 12% = $\dfrac{\boxed{}}{100} = \dfrac{\boxed{}}{\boxed{}}$ ➡ $\boxed{} : \boxed{}$

⑰ 22% ➡ $\dfrac{\boxed{}}{100} = \dfrac{\boxed{}}{\boxed{}}$ ➡ $\boxed{} : \boxed{}$

㉓ 38% = $\dfrac{\boxed{}}{100} = \dfrac{\boxed{}}{\boxed{}}$ ➡ $\boxed{} : \boxed{}$

⑱ 14% ➡ $\dfrac{\boxed{}}{100} = \dfrac{\boxed{}}{\boxed{}}$ ➡ $\boxed{} : \boxed{}$

㉔ 2% = $\dfrac{\boxed{}}{100} = \dfrac{\boxed{}}{\boxed{}}$ ➡ $\boxed{} : \boxed{}$

01 직육면체의 부피

💡 ☐ 안에 알맞은 수를 써넣으세요.

1

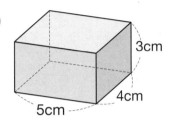

(직육면체의 부피)

= ☐ × ☐ × ☐

= ☐ (cm³)

(직육면체의 부피)
=(가로)×(세로)×(높이)

2

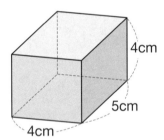

(직육면체의 부피)

= ☐ × ☐ × ☐

= ☐ (cm³)

3

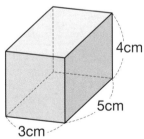

(직육면체의 부피)

= ☐ × ☐ × ☐

= ☐ (cm³)

4

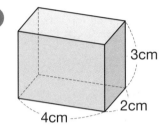

(직육면체의 부피)

= ☐ × ☐ × ☐

= ☐ (cm³)

5

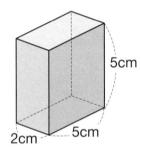

(직육면체의 부피)

= ☐ × ☐ × ☐

= ☐ (cm³)

6

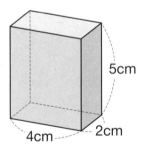

(직육면체의 부피)

= ☐ × ☐ × ☐

= ☐ (cm³)

↻ 정답 103쪽

공부한 날짜	맞힌 개수	걸린 시간
월 일	/12	분

◈ ☐ 안에 알맞은 수를 써넣으세요.

7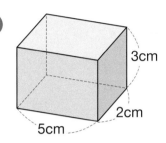
3cm
2cm
5cm

(직육면체의 부피)

= ☐ × ☐ × ☐

= ☐ (cm³)

10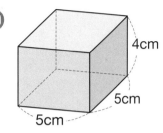
4cm
5cm
5cm

(직육면체의 부피)

= ☐ × ☐ × ☐

= ☐ (cm³)

8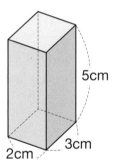
5cm
2cm 3cm

(직육면체의 부피)

= ☐ × ☐ × ☐

= ☐ (cm³)

11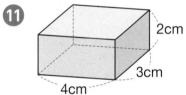
2cm
3cm
4cm

(직육면체의 부피)

= ☐ × ☐ × ☐

= ☐ (cm³)

9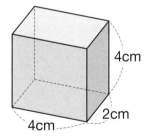
4cm
4cm 2cm

(직육면체의 부피)

= ☐ × ☐ × ☐

= ☐ (cm³)

12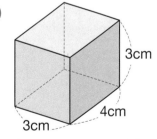
3cm
3cm 4cm

(직육면체의 부피)

= ☐ × ☐ × ☐

= ☐ (cm³)

02 정육면체의 부피

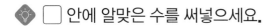

💡 ☐ 안에 알맞은 수를 써넣으세요.

①

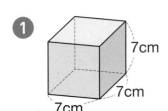

7cm
7cm
7cm

(정육면체의 부피)

= ☐ × ☐ × ☐

= ☐ (cm³)

(정육면체의 부피)
=(한 모서리의 길이)×(한 모서리의 길이)
 ×(한 모서리의 길이)

②

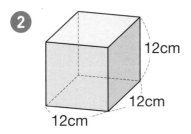

12cm
12cm
12cm

(정육면체의 부피)

= ☐ × ☐ × ☐

= ☐ (cm³)

③

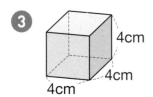

4cm
4cm
4cm

(정육면체의 부피)

= ☐ × ☐ × ☐

= ☐ (cm³)

④

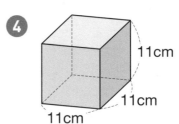

11cm
11cm
11cm

(정육면체의 부피)

= ☐ × ☐ × ☐

= ☐ (cm³)

⑤

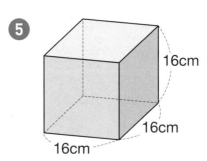

16cm
16cm
16cm

(정육면체의 부피)

= ☐ × ☐ × ☐

= ☐ (cm³)

⑥

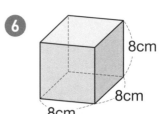

8cm
8cm
8cm

(정육면체의 부피)

= ☐ × ☐ × ☐

= ☐ (cm³)

↻ 정답 103쪽

💡 ☐ 안에 알맞은 수를 써넣으세요.

⑦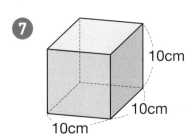

10cm
10cm
10cm

(정육면체의 부피)

= ☐ × ☐ × ☐

= ☐ (cm³)

⑩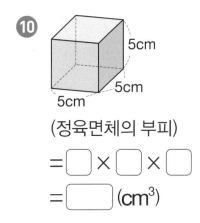

5cm
5cm
5cm

(정육면체의 부피)

= ☐ × ☐ × ☐

= ☐ (cm³)

⑧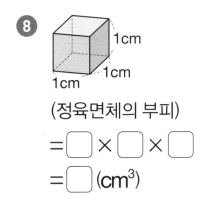

1cm
1cm
1cm

(정육면체의 부피)

= ☐ × ☐ × ☐

= ☐ (cm³)

⑪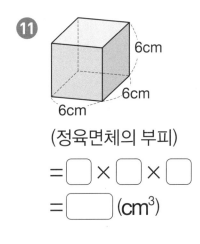

6cm
6cm
6cm

(정육면체의 부피)

= ☐ × ☐ × ☐

= ☐ (cm³)

⑨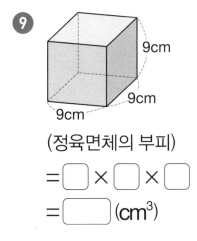

9cm
9cm
9cm

(정육면체의 부피)

= ☐ × ☐ × ☐

= ☐ (cm³)

⑫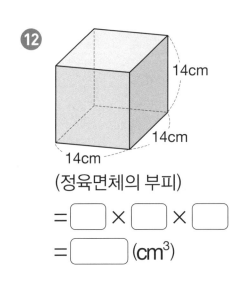

14cm
14cm
14cm

(정육면체의 부피)

= ☐ × ☐ × ☐

= ☐ (cm³)

03 직육면체의 겉넓이

복습 A

💡 ☐ 안에 알맞은 수를 써넣으세요.

1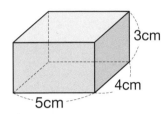

(직육면체의 겉넓이)

$= (5 \times 4 + 5 \times \boxed{} + 4 \times \boxed{}) \times \boxed{}$

$= \boxed{} \ (cm^2)$

2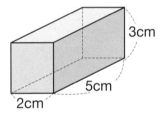

(직육면체의 겉넓이)

$= (2 \times 5 + 2 \times \boxed{} + 5 \times \boxed{}) \times \boxed{}$

$= \boxed{} \ (cm^2)$

3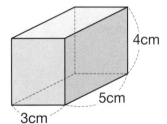

(직육면체의 겉넓이)

$= (3 \times 5 + 3 \times \boxed{} + 5 \times \boxed{}) \times \boxed{}$

$= \boxed{} \ (cm^2)$

4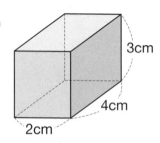

(직육면체의 겉넓이)

$= (2 \times 4 + 2 \times \boxed{} + 4 \times \boxed{}) \times \boxed{}$

$= \boxed{} \ (cm^2)$

5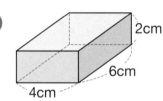

(직육면체의 겉넓이)

$= (4 \times 6 + 4 \times \boxed{} + 6 \times \boxed{}) \times \boxed{}$

$= \boxed{} \ (cm^2)$

6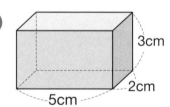

(직육면체의 겉넓이)

$= (5 \times 2 + 5 \times \boxed{} + 2 \times \boxed{}) \times \boxed{}$

$= \boxed{} \ (cm^2)$

◆ ⬜ 안에 알맞은 수를 써넣으세요.

7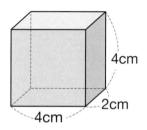

(직육면체의 겉넓이)

$=(4×2+4×\boxed{}+2×\boxed{})×\boxed{}$

$=\boxed{}(cm^2)$

10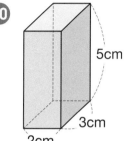

(직육면체의 겉넓이)

$=(2×3+2×\boxed{}+3×\boxed{})×\boxed{}$

$=\boxed{}(cm^2)$

8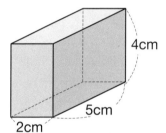

(직육면체의 겉넓이)

$=(2×5+2×\boxed{}+5×\boxed{})×\boxed{}$

$=\boxed{}(cm^2)$

11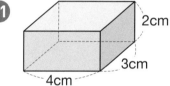

(직육면체의 겉넓이)

$=(4×3+4×\boxed{}+3×\boxed{})×\boxed{}$

$=\boxed{}(cm^2)$

9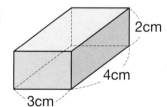

(직육면체의 겉넓이)

$=(3×4+3×\boxed{}+4×\boxed{})×\boxed{}$

$=\boxed{}(cm^2)$

12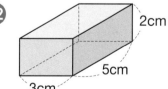

(직육면체의 겉넓이)

$=(3×5+3×\boxed{}+5×\boxed{})×\boxed{}$

$=\boxed{}(cm^2)$

04 정육면체의 겉넓이

💡 ☐ 안에 알맞은 수를 써넣으세요.

❶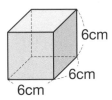
6cm
6cm
6cm

(정육면체의 겉넓이)

=6 × ☐ × ☐

= ☐ (cm²)

❹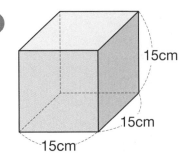
15cm
15cm
15cm

(정육면체의 겉넓이)

=15 × ☐ × ☐

= ☐ (cm²)

❷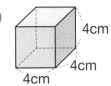
4cm
4cm
4cm

(정육면체의 겉넓이)

=4 × ☐ × ☐

= ☐ (cm²)

❺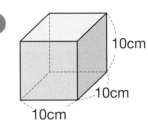
10cm
10cm
10cm

(정육면체의 겉넓이)

=10 × ☐ × ☐

= ☐ (cm²)

❸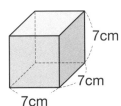
7cm
7cm
7cm

(정육면체의 겉넓이)

=7 × ☐ × ☐

= ☐ (cm²)

❻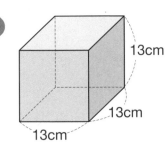
13cm
13cm
13cm

(정육면체의 겉넓이)

=13 × ☐ × ☐

= ☐ (cm²)

⤴ 정답 103쪽

◆ ☐ 안에 알맞은 수를 써넣으세요.

7

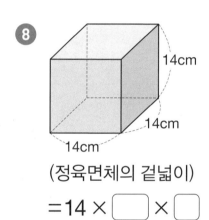

12cm
12cm
12cm

(정육면체의 겉넓이)

=12 × ☐ × ☐

=☐ (cm²)

8

14cm
14cm
14cm

(정육면체의 겉넓이)

=14 × ☐ × ☐

=☐ (cm²)

9

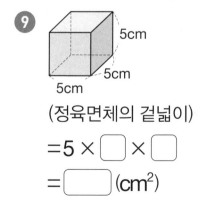

5cm
5cm
5cm

(정육면체의 겉넓이)

=5 × ☐ × ☐

=☐ (cm²)

10

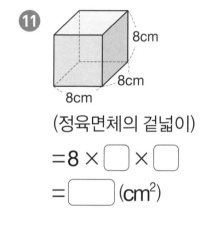

2cm
2cm
2cm

(정육면체의 겉넓이)

=2 × ☐ × ☐

=☐ (cm²)

11

8cm
8cm
8cm

(정육면체의 겉넓이)

=8 × ☐ × ☐

=☐ (cm²)

12

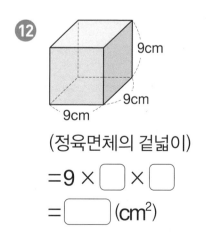

9cm
9cm
9cm

(정육면체의 겉넓이)

=9 × ☐ × ☐

=☐ (cm²)

쌍둥이

최우수상

참 잘했어요!

이름 ————————————————

위 어린이는 쌍둥이 연산 노트 6학년 1학기 과정을

스스로 꾸준히 훌륭하게 마쳤습니다.

이에 칭찬하여 이 상장을 드립니다.

년   월   일

정답

초등 11단계 **6·1**
복습책

1. 분수의 나눗셈

01 (자연수)÷(자연수)의 몫을 분수로 나타내기 A

6쪽

1. $\frac{1}{8}$　　5. $\frac{1}{6}$　　9. $\frac{1}{2}$

2. $\frac{1}{3}$　　6. $\frac{1}{9}$　　10. $\frac{1}{7}$

3. $\frac{1}{4}$　　7. $\frac{1}{5}$　　11. $\frac{1}{10}$

4. $\frac{1}{7}$　　8. $\frac{1}{6}$　　12. $\frac{1}{2}$

7쪽

13. $\frac{1}{5}$　　17. $\frac{1}{9}$　　21. $\frac{1}{7}$

14. $\frac{1}{6}$　　18. $\frac{1}{4}$　　22. $\frac{1}{3}$

15. $\frac{1}{10}$　　19. $\frac{1}{8}$　　23. $\frac{1}{2}$

16. $\frac{1}{3}$　　20. $\frac{1}{5}$　　24. $\frac{1}{9}$

02 (자연수)÷(자연수)의 몫을 분수로 나타내기 B

8쪽

1. $\frac{3}{8}$　　5. $\frac{2}{7}$

2. $\frac{4}{7}$　　6. $\frac{3}{4}$

3. $\frac{7}{8}$　　7. $\frac{5}{6}$

4. $\frac{5}{7}$　　8. $\frac{4}{9}$

9쪽

9. $\frac{3}{16}$　　16. $\frac{8}{11}$　　23. $\frac{3}{14}$

10. $\frac{5}{18}$　　17. $\frac{2}{11}$　　24. $\frac{5}{9}$

11. $\frac{6}{11}$　　18. $\frac{4}{13}$　　25. $\frac{4}{15}$

12. $\frac{2}{19}$　　19. $\frac{8}{19}$　　26. $\frac{2}{15}$

13. $\frac{2}{13}$　　20. $\frac{7}{10}$　　27. $\frac{5}{16}$

14. $\frac{5}{11}$　　21. $\frac{4}{17}$　　28. $\frac{9}{19}$

15. $\frac{9}{10}$　　22. $\frac{7}{13}$　　29. $\frac{3}{11}$

03 (자연수)÷(자연수)의 몫을 분수로 나타내기 C

10쪽

1. $\frac{8}{3}$, $2\frac{2}{3}$　　4. $\frac{4}{3}$, $1\frac{1}{3}$

2. $\frac{8}{5}$, $1\frac{3}{5}$　　5. $\frac{7}{4}$, $1\frac{3}{4}$

3. $\frac{3}{2}$, $1\frac{1}{2}$

11쪽

6. $\frac{17}{2}$, $8\frac{1}{2}$　　11. $\frac{9}{4}$, $2\frac{1}{4}$　　16. $\frac{12}{5}$, $2\frac{2}{5}$

7. $\frac{8}{7}$, $1\frac{1}{7}$　　12. $\frac{10}{9}$, $1\frac{1}{9}$　　17. $\frac{13}{4}$, $3\frac{1}{4}$

8. $\frac{11}{3}$, $3\frac{2}{3}$　　13. $\frac{7}{5}$, $1\frac{2}{5}$　　18. $\frac{9}{8}$, $1\frac{1}{8}$

9. $\frac{12}{7}$, $1\frac{5}{7}$　　14. $\frac{14}{9}$, $1\frac{5}{9}$　　19. $\frac{11}{7}$, $1\frac{4}{7}$

10. $\frac{5}{3}$, $1\frac{2}{3}$　　15. $\frac{9}{2}$, $4\frac{1}{2}$

12쪽 04 (분수)÷(자연수)의 계산 방법① A

1. 6, 2, 3　　7. 12, 2, 6

2. 15, 3, 5　　8. 6, 2, 3

3. 6, 3, 2　　9. 10, 2, 5

4. 8, 2, 4　　10. 18, 9, 2

5. 18, 3, 6　　11. 4, 2, 2

6. 9, 3, 3　　12. 12, 3, 4

13쪽

13. $\frac{3}{16}$　　20. $\frac{2}{7}$　　27. $\frac{3}{23}$

14. $\frac{2}{15}$　　21. $\frac{3}{10}$　　28. $\frac{3}{25}$

15. $\frac{4}{23}$　　22. $\frac{8}{17}$　　29. $\frac{2}{17}$

16. $\frac{5}{22}$　　23. $\frac{3}{13}$　　30. $\frac{3}{26}$

17. $\frac{9}{19}$　　24. $\frac{5}{11}$　　31. $\frac{4}{23}$

18. $\frac{2}{7}$　　25. $\frac{3}{19}$　　32. $\frac{4}{17}$

19. $\frac{6}{17}$　　26. $\frac{2}{19}$　　33. $\frac{8}{25}$

❶ 6, 6, $\dfrac{42}{54}$, 42, 54, $\dfrac{7}{54}$ ❻ 3, 3, $\dfrac{15}{24}$, 15, 24, $\dfrac{5}{24}$

❷ 2, 2, $\dfrac{6}{10}$, 6, 10, $\dfrac{3}{10}$ ❼ 3, 3, $\dfrac{12}{27}$, 12, 27, $\dfrac{4}{27}$

❸ 3, 3, $\dfrac{15}{18}$, 15, 18, $\dfrac{5}{18}$ ❽ 3, 3, $\dfrac{21}{30}$, 21, 30, $\dfrac{7}{30}$

❹ 5, 5, $\dfrac{40}{45}$, 40, 45, $\dfrac{8}{45}$ ❾ 4, 4, $\dfrac{28}{40}$, 28, 40, $\dfrac{7}{40}$

❺ 2, 2, $\dfrac{10}{14}$, 10, 14, $\dfrac{5}{14}$ ❿ 4, 4, $\dfrac{20}{32}$, 20, 32, $\dfrac{5}{32}$

⑪ $\dfrac{9}{70}$ ⑱ $\dfrac{9}{40}$ ㉕ $\dfrac{7}{24}$

⑫ $\dfrac{7}{30}$ ⑲ $\dfrac{6}{35}$ ㉖ $\dfrac{5}{24}$

⑬ $\dfrac{5}{27}$ ⑳ $\dfrac{5}{18}$ ㉗ $\dfrac{7}{48}$

⑭ $\dfrac{4}{21}$ ㉑ $\dfrac{5}{12}$ ㉘ $\dfrac{7}{60}$

⑮ $\dfrac{7}{18}$ ㉒ $\dfrac{3}{8}$ ㉙ $\dfrac{4}{15}$

⑯ $\dfrac{5}{16}$ ㉓ $\dfrac{3}{16}$ ㉚ $\dfrac{5}{28}$

⑰ $\dfrac{3}{14}$ ㉔ $\dfrac{3}{20}$ ㉛ $\dfrac{5}{36}$

❶ $\dfrac{1}{6}$, $\dfrac{7}{54}$ ❼ $\dfrac{1}{3}$, $\dfrac{4}{15}$

❷ $\dfrac{1}{5}$, $\dfrac{6}{35}$ ❽ $\dfrac{1}{2}$, $\dfrac{3}{14}$

❸ $\dfrac{1}{3}$, $\dfrac{5}{21}$ ❾ $\dfrac{1}{5}$, $\dfrac{7}{40}$

❹ $\dfrac{1}{7}$, $\dfrac{8}{63}$ ❿ $\dfrac{1}{4}$, $\dfrac{5}{36}$

❺ $\dfrac{1}{2}$, $\dfrac{5}{18}$ ⑪ $\dfrac{1}{3}$, $\dfrac{7}{27}$

❻ $\dfrac{1}{8}$, $\dfrac{9}{80}$ ⑫ $\dfrac{1}{5}$, $\dfrac{7}{50}$

⑬ $\dfrac{4}{21}$ ⑳ $\dfrac{3}{10}$ ㉗ $\dfrac{5}{14}$

⑭ $\dfrac{7}{48}$ ㉑ $\dfrac{5}{27}$ ㉘ $\dfrac{5}{24}$

⑮ $\dfrac{7}{18}$ ㉒ $\dfrac{7}{32}$ ㉙ $\dfrac{8}{27}$

⑯ $\dfrac{5}{18}$ ㉓ $\dfrac{5}{32}$ ㉚ $\dfrac{3}{8}$

⑰ $\dfrac{5}{28}$ ㉔ $\dfrac{5}{24}$ ㉛ $\dfrac{3}{20}$

⑱ $\dfrac{5}{12}$ ㉕ $\dfrac{4}{27}$ ㉜ $\dfrac{3}{16}$

⑲ $\dfrac{7}{30}$ ㉖ $\dfrac{8}{45}$ ㉝ $\dfrac{7}{20}$

❶ 12, 1, 2, $\dfrac{1}{14}$ ❻ 9, 1, 3, $\dfrac{1}{21}$

❷ 8, 1, 2, $\dfrac{1}{10}$ ❼ 16, 1, 2, $\dfrac{1}{18}$

❸ 18, 1, 6, $\dfrac{1}{30}$ ❽ 20, 1, 4, $\dfrac{1}{24}$

❹ 6, 1, 2, $\dfrac{1}{8}$ ❾ 10, 1, 2, $\dfrac{1}{14}$

❺ 10, 1, 2, $\dfrac{1}{12}$ ❿ 18, 1, 6, $\dfrac{1}{42}$

⑪ $\dfrac{1}{27}$ ⑱ $\dfrac{1}{16}$ ㉕ $\dfrac{1}{27}$

⑫ $\dfrac{1}{21}$ ⑲ $\dfrac{1}{16}$ ㉖ $\dfrac{1}{12}$

⑬ $\dfrac{1}{20}$ ⑳ $\dfrac{1}{40}$ ㉗ $\dfrac{1}{20}$

⑭ $\dfrac{1}{16}$ ㉑ $\dfrac{1}{24}$ ㉘ $\dfrac{1}{20}$

⑮ $\dfrac{1}{40}$ ㉒ $\dfrac{1}{28}$ ㉙ $\dfrac{1}{32}$

⑯ $\dfrac{1}{27}$ ㉓ $\dfrac{1}{20}$ ㉚ $\dfrac{1}{54}$

⑰ $\dfrac{1}{54}$ ㉔ $\dfrac{1}{10}$ ㉛ $\dfrac{1}{18}$

20쪽 08 (가분수)÷(자연수) — A

1. $5, 5, \dfrac{30}{25}, 30, 25, \dfrac{6}{25}$
2. $5, 5, \dfrac{40}{15}, 40, 15, \dfrac{8}{15}$
3. $4, 4, \dfrac{20}{8}, 20, 8, \dfrac{5}{8}$
4. $3, 3, \dfrac{21}{12}, 21, 12, \dfrac{7}{12}$
5. $2, 2, \dfrac{14}{10}, 14, 10, \dfrac{7}{10}$
6. $3, 3, \dfrac{15}{12}, 15, 12, \dfrac{5}{12}$
7. $3, 3, \dfrac{21}{12}, 21, 12, \dfrac{7}{12}$
8. $6, 6, \dfrac{42}{18}, 42, 18, \dfrac{7}{18}$
9. $7, 7, \dfrac{56}{35}, 56, 35, \dfrac{8}{35}$
10. $6, 6, \dfrac{42}{12}, 42, 12, \dfrac{7}{12}$

21쪽

11. $\dfrac{9}{25}$
12. $\dfrac{7}{12}$
13. $\dfrac{9}{32}$
14. $\dfrac{7}{24}$
15. $\dfrac{7}{30}$
16. $\dfrac{9}{32}$
17. $\dfrac{7}{18}$
18. $\dfrac{8}{21}$
19. $\dfrac{9}{64}$
20. $\dfrac{5}{16}$
21. $2\dfrac{1}{4}$
22. $\dfrac{9}{20}$
23. $\dfrac{7}{15}$
24. $\dfrac{8}{49}$
25. $\dfrac{7}{16}$
26. $\dfrac{8}{15}$
27. $\dfrac{7}{8}$
28. $1\dfrac{3}{4}$
29. $\dfrac{9}{10}$
30. $\dfrac{5}{12}$
31. $\dfrac{9}{56}$

23쪽

13. $\dfrac{5}{6}$
14. $\dfrac{8}{21}$
15. $\dfrac{7}{16}$
16. $2\dfrac{1}{4}$
17. $\dfrac{7}{25}$
18. $\dfrac{7}{15}$
19. $\dfrac{9}{25}$
20. $\dfrac{9}{32}$
21. $\dfrac{7}{36}$
22. $1\dfrac{1}{8}$
23. $\dfrac{5}{12}$
24. $\dfrac{9}{14}$
25. $\dfrac{8}{49}$
26. $\dfrac{5}{6}$
27. $\dfrac{6}{25}$
28. $\dfrac{9}{56}$
29. $\dfrac{7}{20}$
30. $\dfrac{9}{35}$
31. $\dfrac{7}{12}$
32. $\dfrac{7}{24}$
33. $\dfrac{9}{16}$

22쪽 09 (가분수)÷(자연수) — B

1. $\dfrac{1}{3}, \dfrac{8}{9}$
2. $\dfrac{1}{3}, \dfrac{5}{12}$
3. $\dfrac{1}{2}, \dfrac{9}{10}$
4. $\dfrac{1}{4}, \dfrac{7}{12}$
5. $\dfrac{1}{8}, \dfrac{9}{32}$
6. $\dfrac{1}{3}, \dfrac{7}{18}$
7. $\dfrac{1}{5}, \dfrac{7}{10}$
8. $\dfrac{1}{5}, \dfrac{9}{20}$
9. $\dfrac{1}{3}, \dfrac{7}{15}$
10. $\dfrac{1}{7}, \dfrac{8}{35}$
11. $\dfrac{1}{4}, \dfrac{5}{16}$
12. $\dfrac{1}{7}, \dfrac{9}{49}$

24쪽 10 (가분수)÷(자연수) — C

1. $\dfrac{7}{8}, \dfrac{7}{8}, 4$
2. $\dfrac{5}{9}, \dfrac{5}{9}, 3$
3. $\dfrac{9}{49}, \dfrac{9}{49}, 7$
4. $\dfrac{7}{25}, \dfrac{7}{25}, 5$
5. $\dfrac{8}{15}, \dfrac{8}{15}, 3$
6. $\dfrac{7}{15}, \dfrac{7}{15}, 5$
7. $\dfrac{5}{6}, \dfrac{5}{6}, 3$
8. $\dfrac{9}{20}, \dfrac{9}{20}, 5$

25쪽

9. $\dfrac{7}{24}, \dfrac{7}{24}, 6$
10. $\dfrac{9}{56}, \dfrac{9}{56}, 7$
11. $\dfrac{8}{21}, \dfrac{8}{21}, 3$
12. $\dfrac{5}{16}, \dfrac{5}{16}, 4$
13. $\dfrac{9}{8}, \dfrac{9}{8}, 4$
14. $\dfrac{5}{6}, \dfrac{5}{6}, 3$
15. $\dfrac{7}{10}, \dfrac{7}{10}, 5$
16. $\dfrac{9}{35}, \dfrac{9}{35}, 7$

26쪽 **11 (대분수)÷(자연수)**

A

❶ 7, 28, 28, 12, $\frac{7}{12}$

❺ 3, 6, 6, 4, $\frac{3}{4}$

❷ 3, 6, 6, 4, $\frac{3}{4}$

❻ 9, 18, 18, 16, $\frac{9}{16}$

❸ 8, 24, 24, 15, $\frac{8}{15}$

❼ 7, 21, 21, 12, $\frac{7}{12}$

❹ 7, 42, 42, 30, $\frac{7}{30}$

❽ 7, 28, 28, 20, $\frac{7}{20}$

27쪽

❾ $\frac{9}{20}$

⓰ $\frac{13}{40}$

㉓ $\frac{9}{14}$

❿ $\frac{7}{36}$

⓱ $\frac{13}{72}$

㉔ $\frac{1}{14}$

⓫ $\frac{8}{45}$

⓲ $\frac{7}{15}$

㉕ $\frac{13}{14}$

⓬ $\frac{6}{35}$

⓳ $\frac{5}{18}$

㉖ $\frac{17}{63}$

⓭ $\frac{11}{14}$

⓴ $\frac{13}{42}$

㉗ $\frac{17}{45}$

⓮ $\frac{17}{72}$

㉑ $\frac{13}{21}$

㉘ $\frac{13}{28}$

⓯ $\frac{11}{40}$

㉒ $\frac{11}{72}$

㉙ $\frac{13}{56}$

29쪽

⓭ $\frac{11}{30}$

⓴ $\frac{13}{18}$

㉗ $\frac{5}{7}$

⓮ $\frac{2}{7}$

㉑ $\frac{5}{6}$

㉘ $\frac{11}{18}$

⓯ $\frac{11}{36}$

㉒ $\frac{7}{20}$

㉙ $\frac{17}{18}$

⓰ $\frac{2}{7}$

㉓ $\frac{3}{8}$

㉚ $\frac{9}{14}$

⓱ $\frac{4}{9}$

㉔ $\frac{11}{14}$

㉛ $\frac{3}{5}$

⓲ $\frac{2}{9}$

㉕ $\frac{11}{42}$

㉜ $\frac{7}{18}$

⓳ $\frac{7}{10}$

㉖ $\frac{17}{45}$

㉝ $\frac{11}{28}$

30쪽 **13 (대분수)÷(자연수)** **C**

❶ $\frac{13}{24}$, $\frac{13}{24}$, 3

❺ $\frac{7}{12}$, $\frac{7}{12}$, 3

❷ $\frac{5}{6}$, $\frac{5}{6}$, 2

❻ $\frac{5}{7}$, $\frac{5}{7}$, 2

❸ $\frac{2}{7}$, $\frac{2}{7}$, 6

❼ $\frac{2}{5}$, $\frac{2}{5}$, 4

❹ $\frac{7}{15}$, $\frac{7}{15}$, 3

❽ $\frac{13}{72}$, $\frac{13}{72}$, 8

31쪽

❾ $\frac{11}{35}$, $\frac{11}{35}$, 5

⓭ $\frac{5}{8}$, $\frac{5}{8}$, 3

❿ $\frac{11}{24}$, $\frac{11}{24}$, 3

⓮ $\frac{8}{15}$, $\frac{8}{15}$, 3

⓫ $\frac{9}{20}$, $\frac{9}{20}$, 4

⓯ $\frac{11}{36}$, $\frac{11}{36}$, 4

⓬ $\frac{17}{18}$, $\frac{17}{18}$, 2

⓰ $\frac{13}{28}$, $\frac{13}{28}$, 4

28쪽 **12 (대분수)÷(자연수)** **B**

❶ $\frac{1}{5}$, $\frac{13}{40}$

❼ $\frac{1}{4}$, $\frac{9}{28}$

❷ $\frac{1}{4}$, $\frac{2}{5}$

❽ $\frac{1}{5}$, $\frac{11}{45}$

❸ $\frac{1}{3}$, $\frac{4}{7}$

❾ $\frac{1}{2}$, $\frac{4}{5}$

❹ $\frac{1}{3}$, $\frac{7}{12}$

❿ $\frac{1}{8}$, $\frac{7}{36}$

❺ $\frac{1}{8}$, $\frac{13}{72}$

⓫ $\frac{1}{5}$, $\frac{13}{35}$

❻ $\frac{1}{3}$, $\frac{11}{24}$

⓬ $\frac{1}{5}$, $\frac{13}{45}$

| 32쪽 | 01 (소수)÷(자연수)의 계산 방법① A |

❶ 92.4, 13.2
❷ 98.4, 12.3
❸ 36.6, 18.3
❹ 40.8, 13.6
❺ 26.4, 13.2
❻ 97.8, 16.3
❼ 61.5, 12.3
❽ 73.6, 18.4
❾ 86.4, 43.2
❿ 88.9, 12.7

33쪽

⑪ 14.4
⑫ 13.1
⑬ 34.1
⑭ 13.7
⑮ 38.2
⑯ 17.1
⑰ 12.1
⑱ 11.9
⑲ 11.6
⑳ 33.1
㉑ 23.2
㉒ 15.6
㉓ 12.5
㉔ 22.1
㉕ 11.6
㉖ 23.8
㉗ 13.5
㉘ 25.7
㉙ 11.2
㉚ 14.2
㉛ 22.1

| 34쪽 | 02 (소수)÷(자연수)의 계산 방법① B |

❶ 8.05, 1.15
❷ 9.96, 3.32
❸ 4.92, 2.46
❹ 9.92, 1.24
❺ 9.96, 2.49
❻ 8.74, 4.37
❼ 8.88, 2.22
❽ 9.12, 1.52
❾ 8.61, 1.23
❿ 5.73, 1.91

35쪽

⑪ 1.25
⑫ 1.73
⑬ 1.47
⑭ 2.19
⑮ 1.22
⑯ 2.43
⑰ 1.28
⑱ 1.54
⑲ 4.42
⑳ 1.38
㉑ 1.14
㉒ 1.16
㉓ 1.52
㉔ 1.92
㉕ 1.17
㉖ 1.43
㉗ 3.19
㉘ 1.14
㉙ 1.69
㉚ 3.39
㉛ 1.93

| 36쪽 | 03 (소수)÷(자연수)의 계산 방법② A |

❶ 675, 675, 135, 1.35
❷ 576, 576, 144, 1.44
❸ 861, 861, 123, 1.23
❹ 852, 852, 142, 1.42
❺ 574, 574, 287, 2.87
❻ 993, 993, 331, 3.31
❼ 642, 642, 321, 3.21
❽ 573, 573, 191, 1.91
❾ 585, 585, 117, 1.17
❿ 928, 928, 116, 1.16

37쪽

⑪ 1.36
⑫ 1.33
⑬ 2.43
⑭ 1.89
⑮ 4.46
⑯ 4.26
⑰ 1.22
⑱ 1.19
⑲ 1.54
⑳ 1.19
㉑ 1.23
㉒ 2.11
㉓ 1.37
㉔ 1.87
㉕ 1.83
㉖ 1.56
㉗ 1.11
㉘ 2.34
㉙ 1.42
㉚ 1.84
㉛ 1.32

| 38쪽 | 04 (소수)÷(자연수)의 계산 방법② B |

❶ 1.22
❷ 2.23
❸ 1.54
❹ 4.37
❺ 1.12
❻ 1.73
❼ 1.62
❽ 1.71
❾ 3.28

39쪽

❿ 1.45
⑪ 3.24
⑫ 1.27
⑬ 1.38
⑭ 1.24
⑮ 1.51
⑯ 1.67
⑰ 1.16
⑱ 2.46
⑲ 1.78
⑳ 1.19
㉑ 2.22
㉒ 3.16
㉓ 2.19
㉔ 1.91
㉕ 1.25
㉖ 1.31
㉗ 1.28

❶ 384, 384, 96, 0.96
❷ 138, 138, 23, 0.23
❸ 124, 124, 62, 0.62
❹ 376, 376, 94, 0.94
❺ 266, 266, 38, 0.38
❻ 141, 141, 47, 0.47
❼ 249, 249, 83, 0.83
❽ 399, 399, 57, 0.57
❾ 539, 539, 77, 0.77
❿ 178, 178, 89, 0.89

41쪽

⑪ 0.92
⑫ 0.52
⑬ 0.44
⑭ 0.68
⑮ 0.36
⑯ 0.98
⑰ 0.23
⑱ 0.76
⑲ 0.66
⑳ 0.87
㉑ 0.26
㉒ 0.27
㉓ 0.25
㉔ 0.72
㉕ 0.78
㉖ 0.99
㉗ 0.33
㉘ 0.72
㉙ 0.82
㉚ 0.55
㉛ 0.48

❶ 6.57, 0.73
❷ 5.82, 0.97
❸ 5.28, 0.66
❹ 7.83, 0.87
❺ 2.48, 0.62
❻ 5.04, 0.84
❼ 4.23, 0.47
❽ 1.25, 0.25
❾ 3.64, 0.52
❿ 1.28, 0.32

43쪽

⑪ 0.77
⑫ 0.75
⑬ 0.43
⑭ 0.54
⑮ 0.26
⑯ 0.64
⑰ 0.84
⑱ 0.53
⑲ 0.75
⑳ 0.86
㉑ 0.33
㉒ 0.99
㉓ 0.42
㉔ 0.29
㉕ 0.82
㉖ 0.37
㉗ 0.22
㉘ 0.72
㉙ 0.63
㉚ 0.93
㉛ 0.46

❶ 0.92
❷ 0.83
❸ 0.36
❹ 0.83
❺ 0.69
❻ 0.57
❼ 0.78
❽ 0.24
❾ 0.39
❿ 0.58
⑪ 0.48
⑫ 0.67

45쪽

⑬ 0.69
⑭ 0.69
⑮ 0.37
⑯ 0.95
⑰ 0.27
⑱ 0.64
⑲ 0.43
⑳ 0.73
㉑ 0.87
㉒ 0.59
㉓ 0.74
㉔ 0.87
㉕ 0.79
㉖ 0.38
㉗ 0.97
㉘ 0.93
㉙ 0.49
㉚ 0.46

❶ 770, 770, 385, 3.85
❷ 670, 670, 134, 1.34
❸ 290, 290, 145, 1.45
❹ 990, 990, 495, 4.95
❺ 770, 770, 154, 1.54
❻ 310, 310, 155, 1.55
❼ 590, 590, 295, 2.95
❽ 780, 780, 195, 1.95
❾ 580, 580, 116, 1.16
❿ 740, 740, 185, 1.85

47쪽

⑪ 2.35
⑫ 1.45
⑬ 2.55
⑭ 1.95
⑮ 1.18
⑯ 1.55
⑰ 4.15
⑱ 1.12
⑲ 3.35
⑳ 1.62
㉑ 4.55
㉒ 1.66
㉓ 3.15
㉔ 4.35
㉕ 4.85
㉖ 1.58
㉗ 3.55
㉘ 1.44
㉙ 1.15
㉚ 1.68
㉛ 2.65

09 소수점 아래 0을 내려 계산하는 (소수)÷(자연수)

B

❶ 6.4, 1.28
❷ 3.5, 1.75
❸ 7.4, 1.85
❹ 5.7, 2.85
❺ 5.8, 1.45
❻ 9.4, 2.35
❼ 8.3, 4.15
❽ 5.7, 1.14
❾ 3.1, 1.55
❿ 6.9, 3.45

⑪ 1.65
⑫ 4.95
⑬ 1.38
⑭ 2.65
⑮ 4.85
⑯ 1.32
⑰ 1.26
⑱ 3.15
⑲ 2.35
⑳ 1.16
㉑ 3.35
㉒ 3.95
㉓ 4.35
㉔ 2.15
㉕ 1.56
㉖ 1.52
㉗ 3.75
㉘ 1.42
㉙ 2.25
㉚ 1.95
㉛ 2.95

10 소수점 아래 0을 내려 계산하는 (소수)÷(자연수)

C

❶ 2.25
❷ 1.14
❸ 1.95
❹ 1.65
❺ 3.85
❻ 1.24
❼ 2.95
❽ 1.54
❾ 2.55

❿ 4.95
⑪ 1.15
⑫ 2.85
⑬ 1.65
⑭ 1.12
⑮ 3.35
⑯ 1.58
⑰ 4.75
⑱ 1.25
⑲ 2.45
⑳ 1.35
㉑ 1.44
㉒ 3.65
㉓ 1.45
㉔ 1.55
㉕ 1.64
㉖ 1.16
㉗ 2.15

11 몫의 소수 첫째 자리에 0이 있는 (소수)÷(자연수)

A

❶ 610, 610, 305, 3.05
❷ 510, 510, 102, 1.02
❸ 630, 630, 105, 1.05
❹ 530, 530, 106, 1.06
❺ 410, 410, 205, 2.05
❻ 810, 810, 405, 4.05
❼ 420, 420, 105, 1.05
❽ 520, 520, 104, 1.04
❾ 210, 210, 105, 1.05
❿ 540, 540, 108, 1.08

⑪ 820, 820, 205, 2.05
⑫ 840, 840, 105, 1.05
⑬ 610, 610, 305, 3.05
⑭ 410, 410, 205, 2.05
⑮ 810, 810, 405, 4.05
⑯ 420, 420, 105, 1.05
⑰ 510, 510, 102, 1.02
⑱ 210, 210, 105, 1.05
⑲ 630, 630, 105, 1.05
⑳ 520, 520, 104, 1.04

12 몫의 소수 첫째 자리에 0이 있는 (소수)÷(자연수)

B

❶ 5.1, 1.02
❷ 4.2, 1.05
❸ 2.1, 1.05
❹ 6.3, 1.05
❺ 5.2, 1.04
❻ 5.3, 1.06
❼ 5.4, 1.08
❽ 8.1, 4.05
❾ 8.4, 1.05
❿ 8.2, 2.05

⑪ 4.1, 2.05
⑫ 4.2, 1.05
⑬ 5.1, 1.02
⑭ 5.3, 1.06
⑮ 8.4, 1.05
⑯ 6.1, 3.05
⑰ 2.1, 1.05
⑱ 8.1, 4.05
⑲ 6.3, 1.05
⑳ 5.4, 1.08

13 몫의 소수 첫째 자리에 0이 있는 (소수)÷(자연수)

56쪽 C

① 1.05　　⑤ 2.05　　⑨ 3.05
② 1.05　　⑥ 2.05　　⑩ 1.04
③ 1.05　　⑦ 1.02　　⑪ 1.06
④ 1.05　　⑧ 1.08　　⑫ 4.05

57쪽

⑬ 1.05　　⑱ 3.05　　㉓ 1.02
⑭ 1.05　　⑲ 1.06　　㉔ 2.05
⑮ 4.05　　⑳ 1.04　　㉕ 1.08
⑯ 1.05　　㉑ 1.05　　㉖ 2.05
⑰ 3.05　　㉒ 2.05　　㉗ 1.05

15 (자연수)÷(자연수)의 몫을 소수로 나타내기

60쪽 B

① 35, 17.5　　⑥ 29, 5.8
② 7, 1.4　　　⑦ 5, 2.5
③ 43, 21.5　　⑧ 13, 2.6
④ 9, 1.8　　　⑨ 47, 23.5
⑤ 15, 7.5　　⑩ 43, 8.6

61쪽

⑪ 14.5　　⑱ 6.4　　㉕ 9.8
⑫ 2.8　　　⑲ 4.2　　㉖ 16.5
⑬ 4.6　　　⑳ 5.5　　㉗ 3.6
⑭ 13.5　　㉑ 7.4　　㉘ 5.4
⑮ 8.2　　　㉒ 18.5　㉙ 9.5
⑯ 6.8　　　㉓ 9.4　　㉚ 20.5
⑰ 3.5　　　㉔ 15.5　㉛ 10.5

14 (자연수)÷(자연수)의 몫을 소수로 나타내기

58쪽 A

① 54, 5.4　　⑦ 215, 21.5
② 65, 6.5　　⑧ 72, 7.2
③ 48, 4.8　　⑨ 145, 14.5
④ 205, 20.5　⑩ 86, 8.6
⑤ 98, 9.8　　⑪ 85, 8.5
⑥ 245, 24.5　⑫ 28, 2.8

59쪽

⑬ 6.6　　⑳ 11.5　　㉗ 8.2
⑭ 6.2　　㉑ 2.6　　㉘ 7.6
⑮ 1.5　　㉒ 5.8　　㉙ 19.5
⑯ 3.5　　㉓ 5.2　　㉚ 4.6
⑰ 5.5　　㉔ 9.5　　㉛ 17.5
⑱ 4.5　　㉕ 18.5　㉜ 8.4
⑲ 6.4　　㉖ 1.4　　㉝ 2.4

16 (자연수)÷(자연수)의 몫을 소수로 나타내기

62쪽 C

① 2.8　　⑤ 9.4　　⑨ 9.5
② 9.5　　⑥ 8.5　　⑩ 8.4
③ 4.4　　⑦ 1.6　　⑪ 5.4
④ 7.5　　⑧ 4.6　　⑫ 1.5

63쪽

⑬ 3.5　　⑱ 1.8　　㉓ 15.5
⑭ 3.8　　⑲ 5.5　　㉔ 3.4
⑮ 7.5　　⑳ 2.4　　㉕ 20.5
⑯ 6.4　　㉑ 5.2　　㉖ 24.5
⑰ 11.5　㉒ 5.6　　㉗ 9.6

3. 비와 비율

64쪽 **01** 비 구하기 Ⓐ

① 1, 4, 1, 4, 4, 1, 1, 4
② 9, 5, 9, 5, 5, 9, 9, 5
③ 7, 3, 7, 3, 3, 7, 7, 3
④ 2, 5, 2, 5, 5, 2, 2, 5
⑤ 6, 2, 6, 2, 2, 6, 6, 2
⑥ 3, 7, 3, 7, 7, 3, 3, 7
⑦ 4, 5, 4, 5, 5, 4, 4, 5
⑧ 8, 6, 8, 6, 6, 8, 8, 6

65쪽

⑨ 5, 3, 5, 3, 3, 5, 5, 3
⑩ 2, 6, 2, 6, 6, 2, 2, 6
⑪ 8, 4, 8, 4, 4, 8, 8, 4
⑫ 7, 8, 7, 8, 8, 7, 7, 8
⑬ 1, 7, 1, 7, 7, 1, 1, 7
⑭ 6, 7, 6, 7, 7, 6, 6, 7
⑮ 9, 1, 9, 1, 1, 9, 9, 1
⑯ 3, 2, 3, 2, 2, 3, 3, 2

66쪽 **02** 비 구하기 Ⓑ

① 3, 8 / 8, 3
② 7, 9 / 9, 7
③ 1, 7 / 7, 1
④ 6, 5 / 5, 6
⑤ 2, 1 / 1, 2
⑥ 4, 9 / 9, 4
⑦ 8, 9 / 9, 8
⑧ 1, 2 / 2, 1
⑨ 8, 2 / 2, 8
⑩ 6, 9 / 9, 6

67쪽

⑪ 7, 2
⑫ 7, 5
⑬ 5, 4
⑭ 3, 9
⑮ 8, 6
⑯ 6, 3
⑰ 8, 1
⑱ 2, 7
⑲ 3, 6
⑳ 5, 1
㉑ 5, 7
㉒ 2, 3
㉓ 4, 2
㉔ 3, 5
㉕ 4, 8
㉖ 9, 4

68쪽 **03** 비율 구하기 Ⓐ

① 2, 5
② 6, 1
③ 3, 8
④ 5, 9
⑤ 8, 7
⑥ 6, 7
⑦ 4, 9
⑧ 4, 3
⑨ 7, 6
⑩ 9, 8
⑪ 8, 2
⑫ 7, 9
⑬ 1, 4
⑭ 9, 6
⑮ 9, 3

69쪽

⑯ 7, 4
⑰ 1, 9
⑱ 3, 2
⑲ 1, 5
⑳ 9, 1
㉑ 3, 1
㉒ 7, 8
㉓ 9, 7
㉔ 1, 6
㉕ 1, 8
㉖ 9, 5
㉗ 8, 3
㉘ 6, 2
㉙ 3, 4
㉚ 4, 6

70쪽 **04** 비율 구하기 Ⓑ

① $\frac{17}{20}$, 0.85
② $\frac{2}{5}$, 0.4
③ $\frac{12}{20}$, 0.6
④ $\frac{6}{10}$, 0.6
⑤ $\frac{10}{20}$, 0.5
⑥ $\frac{2}{10}$, 0.2
⑦ $\frac{2}{50}$, 0.04
⑧ $\frac{13}{20}$, 0.65
⑨ $\frac{5}{50}$, 0.1
⑩ $\frac{4}{10}$, 0.4
⑪ $\frac{7}{10}$, 0.7
⑫ $\frac{9}{10}$, 0.9
⑬ $\frac{14}{50}$, 0.28
⑭ $\frac{4}{5}$, 0.8
⑮ $\frac{19}{20}$, 0.95

71쪽

⑯ $\frac{1}{5}$, 0.2
⑰ $\frac{5}{20}$, 0.25
⑱ $\frac{3}{20}$, 0.15
⑲ $\frac{9}{50}$, 0.18
⑳ $\frac{5}{10}$, 0.5
㉑ $\frac{14}{20}$, 0.7
㉒ $\frac{8}{10}$, 0.8
㉓ $\frac{1}{50}$, 0.02
㉔ $\frac{3}{10}$, 0.3
㉕ $\frac{18}{20}$, 0.9
㉖ $\frac{1}{10}$, 0.1
㉗ $\frac{16}{20}$, 0.8
㉘ $\frac{3}{5}$, 0.6
㉙ $\frac{7}{50}$, 0.14
㉚ $\frac{1}{20}$, 0.05

❶ $\frac{1}{10}$, 0.1

❺ $\frac{2}{5}$, 0.4

❷ $\frac{6}{10}$, 0.6

❻ $\frac{5}{10}$, 0.5

❸ $\frac{6}{5}$, 1.2

❼ $\frac{7}{2}$, 3.5

❹ $\frac{2}{10}$, 0.2

❽ $\frac{3}{2}$, 1.5

73쪽

❾ $\frac{2}{10}$, 0.2

⓭ $\frac{4}{10}$, 0.4

❿ $\frac{8}{20}$, 0.4

⓮ $\frac{4}{5}$, 0.8

⓫ $\frac{2}{5}$, 0.4

⓯ $\frac{3}{15}$, 0.2

⓬ $\frac{5}{10}$, 0.5

⓰ $\frac{8}{10}$, 0.8

❶ 75	❼ 60	⓭ 40
❷ 50	❽ 90	⓮ 30
❸ 20	❾ 20	⓯ 40
❹ 50	❿ 80	⓰ 25
❺ 10	⓫ 60	⓱ 50
❻ 80	⓬ 40	⓲ 70

75쪽

⓳ 10, 10, 30, 30

⓴ 25, 25, 75, 75

㉑ 50, 50, 50, 50

㉒ 10, 10, 20, 20

㉓ 10, 10, 70, 70

㉔ 20, 20, 40, 40

㉕ 20, 20, 20, 20

㉖ 20, 20, 60, 60

㉗ 25, 25, 50, 50

㉘ 10, 10, 80, 80

❶ 100, 10

❽ 100, 60

❷ 100, 70

❾ 100, 40

❸ 100, 25

❿ 100, 40

❹ 100, 50

⓫ 100, 20

❺ 100, 75

⓬ 100, 50

❻ 100, 50

⓭ 100, 80

❼ 100, 20

⓮ 100, 60

77쪽

⓯ 100, 50

㉒ 100, 80

⓰ 100, 75

㉓ 100, 90

⓱ 100, 30

㉔ 100, 20

⓲ 100, 10

㉕ 100, 60

⓳ 100, 40

㉖ 100, 80

⓴ 100, 25

㉗ 100, 20

㉑ 100, 50

㉘ 100, 50

❶ 40, 40

❼ 21, 21

❷ 7, 7

❽ 33, 33

❸ 96, 96

❾ 56, 56

❹ 82, 82

❿ 64, 64

❺ 85, 85

⓫ 10, 10

❻ 72, 72

⓬ 73, 73

79쪽

⓭ 66, 66

⓳ 6, 6

⓮ 58, 58

⓴ 1, 1

⓯ 26, 26

㉑ 46, 46

⓰ 91, 91

㉒ 15, 15

⓱ 38, 38

㉓ 87, 87

⓲ 13, 13

㉔ 75, 75

❶ 10, $\frac{1}{10}$, 1, 10

❷ 75, $\frac{3}{4}$, 3, 4

❸ 70, $\frac{7}{10}$, 7, 10

❹ 90, $\frac{9}{10}$, 9, 10

❺ 20, $\frac{1}{5}$, 1, 5

❻ 30, $\frac{3}{10}$, 3, 10

❼ 80, $\frac{4}{5}$, 4, 5

❽ 25, $\frac{1}{4}$, 1, 4

❾ 60, $\frac{3}{5}$, 3, 5

❿ 50, $\frac{1}{2}$, 1, 2

⓫ 40, $\frac{2}{5}$, 2, 5

⓬ 45, $\frac{9}{20}$, 9, 20

81쪽

⓭ 15, $\frac{3}{20}$, 3, 20

⓮ 42, $\frac{21}{50}$, 21, 50

⓯ 4, $\frac{1}{25}$, 1, 25

⓰ 85, $\frac{17}{20}$, 17, 20

⓱ 22, $\frac{11}{50}$, 11, 50

⓲ 14, $\frac{7}{50}$, 7, 50

⓳ 34, $\frac{17}{50}$, 17, 50

⓴ 36, $\frac{9}{25}$, 9, 25

㉑ 5, $\frac{1}{20}$, 1, 20

㉒ 12, $\frac{3}{25}$, 3, 25

㉓ 38, $\frac{19}{50}$, 19, 50

㉔ 2, $\frac{1}{50}$, 1, 50

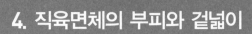

82쪽 | **01 직육면체의 부피** Ⓐ

❶ 5, 4, 3, 60
❷ 4, 5, 4, 80
❸ 3, 5, 4, 60
❹ 4, 2, 3, 24
❺ 2, 5, 5, 50
❻ 4, 2, 5, 40

83쪽

❼ 5, 2, 3, 30
❽ 2, 3, 5, 30
❾ 4, 2, 4, 32
❿ 5, 5, 4, 100
⓫ 4, 3, 2, 24
⓬ 3, 4, 3, 36

86쪽 | **03 직육면체의 겉넓이** Ⓐ

❶ 3, 3, 2, 94
❷ 3, 3, 2, 62
❸ 4, 4, 2, 94
❹ 3, 3, 2, 52
❺ 2, 2, 2, 88
❻ 3, 3, 2, 62

87쪽

❼ 4, 4, 2, 64
❽ 4, 4, 2, 76
❾ 2, 2, 2, 52
❿ 5, 5, 2, 62
⓫ 2, 2, 2, 52
⓬ 2, 2, 2, 62

84쪽 | **02 정육면체의 부피** Ⓐ

❶ 7, 7, 7, 343
❷ 12, 12, 12, 1728
❸ 4, 4, 4, 64
❹ 11, 11, 11, 1331
❺ 16, 16, 16, 4096
❻ 8, 8, 8, 512

85쪽

❼ 10, 10, 10, 1000
❽ 1, 1, 1, 1
❾ 9, 9, 9, 729
❿ 5, 5, 5, 125
⓫ 6, 6, 6, 216
⓬ 14, 14, 14, 2744

88쪽 | **04 정육면체의 겉넓이** Ⓐ

❶ 6, 6, 216
❷ 4, 6, 96
❸ 7, 6, 294
❹ 15, 6, 1350
❺ 10, 6, 600
❻ 13, 6, 1014

89쪽

❼ 12, 6, 864
❽ 14, 6, 1176
❾ 5, 6, 150
❿ 2, 6, 24
⓫ 8, 6, 384
⓬ 9, 6, 486

MEMO